艺术设计思维与创造系列

王守平　主编

ABC快速设计

ABC SKETCH DESIGN

乔会杰　著

辽宁美术出版社

国家艺术设计专业实验教学示范中心“十二五”系列教材

总策划：任文东

主　编：王守平

编　委：林景扬　张子健　乔会杰

从瑜伶　余　杨　夏　佳

图书在版编目（CIP）数据

ABC快速设计 / 乔会杰著. -- 沈阳：辽宁美术出版社，2014.5

（艺术设计思维与创造系列）

ISBN 978-7-5314-6075-6

Ⅰ. ①A… Ⅱ. ①乔… Ⅲ. ①工业设计 Ⅳ. ①TB47

中国版本图书馆CIP数据核字（2014）第084163号

出 版 者：辽宁美术出版社

地　　址：沈阳市和平区民族北街29号　邮编：110001

发 行 者：辽宁美术出版社

印 刷 者：沈阳华厦印刷有限公司

开　　本：889mm×1194mm　1/16

印　　张：6.5

字　　数：210千字

出版时间：2014年5月第1版

印刷时间：2015年1月第2次印刷

责任编辑：苍晓东

封面设计：范文南　洪小冬　苍晓东

版式设计：林景扬　苍晓东

技术编辑：鲁　浪

责任校对：李　昂

ISBN 978-7-5314-6075-6

定　　价：52.00元

邮购部电话：024-83833008

E-mail：lnmscbs@163.com

http：//www.lnmscbs.com

图书如有印装质量问题请与出版部联系调换

出版部电话：024-23835227

总序

我们必须审视一下，今天中国设计教育的社会背景，纯粹以学术为基础的设计教育，已经无法满足社会发展的需要，因为与社会实践的脱节而受到某些争议。实践证明，设计中所涌现出的灵感与创造力，不完全具备非常哲学化或者概念化的思维，也可能是来自设计师经验的积累而迸发，或是为解决实际问题的责任心与职业道德所引发的使命感。让学生沉浸在狭隘的传统技艺中，忽视学生的思考力和解决问题的能力，使学生不能充分发挥创造力和创造价值，是设计教育不能承受之重。今天的设计教育，必须让学生领会创造和挖掘那些随时更新的方法，每时每刻面临将复杂事物简化和解决棘手问题能力的提高。

本套示范式教学教材正是在这样的社会背景下编著的，也是教育部"十二五"规划中改革的焦点之一，同时也是艺术设计学院特色办学的基础体现。今天我们所了解的艺术设计教学以及课程的设置，在理论讲授之后，明显缺乏对设计认识的一系列示范环节，本套教材完全是以工作室为背景展开的全新教学模式，其中提出不同的设计问题模型，在导师指导下模仿职业设计师和设计专家们是怎样完成一项设计的，实验的内容、涵盖的范围不仅是最终的成果或产品，更主要是所涉及其中的设计活动的过程和方式，对学生的创造力和行动力的挖掘。

希望经过我们的努力，本套示范教材能为艺术设计教学与社会实践建立多功能的桥梁，激起热爱设计的学生们对艺术设计实践的执著追求与探索，为学生们今后的实践学习提供灵感、素材和智慧。

大连工业大学
艺术设计学院

院长
王守平

绪论

《ABC 快速设计》是一本关于建筑、景观、室内设计快速设计与表现的环境艺术设计专业教材，ABC 代表建筑设计、景观设计与室内设计。本教材以工作室的实际工程案例为示范，以学生的设计作品为范例，为广大设计者提供快速设计的学习和实践方法指导。

环境艺术设计是一项极其综合的系统性行为，包含着与之相关的若干子系统。它集功能、艺术与技术于一体，涉及艺术和科学两大领域的许多学科内容，具有多学科交叉、渗透、融合的特点。建筑设计、景观设计、室内设计是三门相互影响、相互制约、相互关联的环境艺术设计学科。由于设计师在建筑设计、景观设计、室内设计等创意构思和方案设计阶段、研究生入学考试以及许多设计单位的招聘考试中，都纷纷采用快速设计这一形式，因此快速设计越来越受到广大设计者和高校师生的重视。

基于市面上的同类书刊中，对快速设计的介绍多数是针对建筑设计、景观设计及室内设计的某一个方向，因而编者考虑到广大师生和设计者的需要，将建筑、景观、室内三方面的快速设计进行资料的整合与分析，以便使读者能够全面了解环境艺术快速设计的表现与方法。本书汇集了大量的快速作品实例，且对作品进行详细的评析，供广大读者参考。希望本书可以弥补目前图书市场中综合性环境艺术快速设计书籍的空白。

本书立足于多年来相关课程的教学实践，由担任本课程的一线教师编写而成。本书内容分为五大部分。第一部分为快速设计的目的、意义及快速设计应试技巧相关知识；第二部分为快速设计的推演，通过设计实例来介绍快速设计的推演过程；第三部分以马克笔表现技法为主介绍了各种表现方法以及可供广大读者参考的部分优秀作品；第四部分为建筑、景观、室内快速设计作品的点评，为读者提供了大量生动的实用性指导；第五部分为应试技巧，介绍了应试心态的准备和调整、版面计划与时间的规划等。

快速设计以检验设计能力为目的，要求在很短的时间内，针对甲方的需求或设计任务书的要求快速形成创意构思，并快速将设计意图表达出来的一种特殊的设计工作方式。快速设计在当今环境艺术相关的工作、教学、考核中具有重要的实践意义。虽然时间较短，形式较单一，但足以体现设计者的思维能力和创造能力，同时也能一定程度地反映设计者的设计表现力和艺术修养。另外，快速表现也是设计师与甲方最有效的沟通语言。

纵观中外建筑设计大师的成就，他们无一不是快速设计的高手，他们以敏锐的思维灵感、丰富的想象创意、娴熟的设计技巧、奔放的表现方式为各自的不朽之作打开了创作之门，大师们深厚的艺术功底加上富有创意的创作思维所形成的手绘表现图，在它成为创意示意图的同时，也是一件极具艺术价值的建筑表现图，这些表现成果往往成为工程实践的奠基石。如建筑大师安藤忠雄，他不喜欢在桌面上绘制手绘草图，他最具个性的工作方式就是将墙面作为画布绘制大型草稿，

图 1　安藤忠雄设计的美国沃斯堡现代艺术博物馆 建筑局部

图 2　沃斯堡现代艺术博物馆的构思草图

在他的手稿中，对光、投影和场地等自然因素与建筑实体的关系的分析都表达得十分透彻。

快速设计作为一种选拔设计人才的重要考查手段，能够快速检验设计者的分析、归纳和表达能力。快速设计同时也是设计者推敲、比选和深化设计构思的有力工具。随着市场竞争的日益激烈，具备这样一种以创意为先导的综合能力对设计师来说尤为重要。快速设计的时间一般是 4 小时、6 小时或 8 小时，因为时间的局限性，所以快速设计一般只涉及方案设计阶段的内容。它往往要求设计者在很短的时间内完成方案设计的大部分内容，如草图设计、空间构成、功能划分、图纸表现等。时间虽短，考查内容却涵盖了从设计构思到专业制图，以及从透视效果图表现到整体版面规划的相对完整的过程，对设计者的素质有着较全面的要求。

快速设计的表现成果需要用手绘来完成，这一点是所有艺术设计类专业人才必须明确掌握的。随着科学技术的发展，计算机已延伸了人脑和手的功能，其在设计表达方面的应用给行业带来了一场历史性的变革。计算机普遍应用于各类设计行业中，各种绘图软件为我们提供了新的设计表现方法，设计师可以利用计算机制作出模拟真实场景的空间形态、材料质感和光影效果的环境艺术表现图，甚至可以制作出使人能身临其境体验空间效果的三维动画。在这样的形势下，有人认为环境艺术设计表现图会被先进的计算机制图所取代。然而，无论这些计算机设备多么先进，都只能是人脑思维的一种延伸。设计的过程是创造性思维的过程，其艺术思维能力和捕获艺术灵感的能力是任何先进的机器所不具备的，因此也注定其不可能被某种现代技术所代替。这就像计算机绘画不可能代替手工绘画一样，计算机永远也无法抓住环境的特性，更无法具备绘画所应具有的人情味和生命力。手头功夫的掌握对设计者至关重要，优秀的设计表现不但线条流畅，用色协调，图纸本身的构图也令人赏心悦目，一般来讲，出色的设计表现图在考试中可以弥补方案的缺陷。因此设计师应先培养用绘图来思考的基本习惯，并锻炼自己的手绘表现能力。

图 3　建筑草图 作者 乔会杰

环境艺术设计学科的发展前景光明，随着现代化建设和城市化的快速发展，环境艺术设计日益引起各界的关注和重视，市场对环境艺术设计师的需求旺盛并显示出高度的生命力。面对未来的市场需求，要求设计者具备较强的适应性，这种适应性来自扎实的基础知识和较广的专业知识。在人们快节奏、高效率的社会生活和设计工作中，加强设计者快速设计的训练是提高设计者设计修养、设计素质的必经之路。

本书可以作为高等学校建筑设计、景观设计、室内设计等艺术设计及其相关专业的教学参考书目，也可作为环境艺术设计专业学生研究生入学考试的考前指导书目。

目录

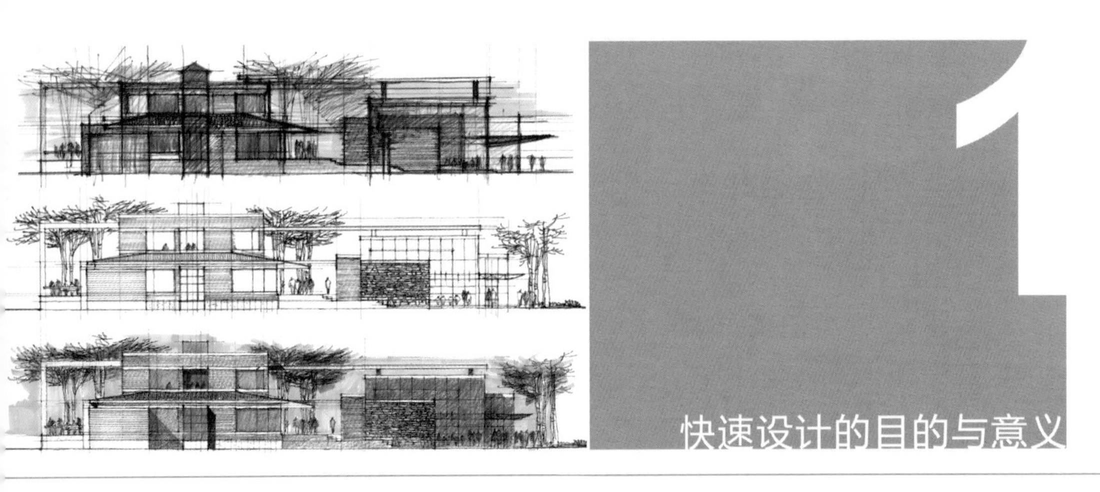

1

快速设计的目的与意义

第一章

第一节　重要内容

第二节　有效办法

课程内容
快速设计的目的与意义

计划学时
4 课时

教学方式
理论联系实际，结合当前快节奏社会生活、高效率设计实践的现状，引导学生认识快速设计在设计实践以及设计测试中的重要意义。

实践目的
了解快速设计的目的与意义，为设计实践和相关专业的设计测试打基础。

教学要求
要求学生有扎实的建筑、景观、室内设计的基础。

实践指导
在本章内容中，工作室资料、图书馆资源将被很好地运用。

拓展阅读
《快速设计》

学习目的

了解快速设计的目的与意义

为设计实践和相关专业的设计测试打基础

重点掌握

快速设计在建筑、景观、室内设计实践中的重要作用

本章内容从四个方面阐述了快速设计在设计实践中、教学中以及相关专业测试中的重要意义。使广大设计者对快速设计有个较为宏观的认识和了解，以便在设计实践以及学习中进行重点训练。

第一节 重要内容

快速设计是环境艺术设计教学的重要内容、是检测设计能力的有效手段

如果说，课题设计的传统训练方法是学生学习环境艺术设计基础的重要途径，那么加强快速设计的训练则是提高学生设计能力的必由之路，两者相辅相成，共同达到环境艺术设计教学的目的。另外，应试者在快速设计考试中能真实地反映其设计素质与潜力、创作思维活跃程度，画面表达基本功。

快速设计是环境艺术设计教学的重要内容，是训练设计师创作能力的重要环节。

快速设计作为环境艺术设计专业的必修课之一，对培养学生、设计师的创造力和表现力起着非常重要的作用。快速设计是各门专业课程学习时必须掌握的交流语言和设计语言。客观地说，快速设计可以较全面地反映设计者的各项素质，对于培养学生的创造性思维、提高设计与审美的情趣、训练灵活的表达能力都有着重要的意义。

快速设计课程通常是安排在高等学校环境艺术课程中的最后一个环节，因为在前面几年的课程学习过程中，学生循序渐进地了解和掌握了环境艺术设计各门课程的设计方法和手段，如建筑设计、景观设计、室内设计等，每门课程设计的教师也通过数周时间对学生的作业进行精心的指导，使学生有一个比较长的周期可以与老师和同学进行交流探讨。快速设计则是对以往所学课题的一个总结，是对学生掌握程度的一个考核与总结。

学习快速设计也是提高设计水平的一种有效的训练方法。在快速设计中，设计师往往要进行多次的“头脑风暴”，然后在极短的时间内去粗取精，整合自己所需要的结构、形式和意义。这种锻炼可以强化设计师的思维速度，拓展设计师的思维广度。如果说，课题设计的传统训练方法是奠定学生环境艺术设计基础的重要途径，那么，加强快速设计的训练则是提高学生环境艺术设计基础的重要途径，那么加强快速设计训练则是提高学生环境艺术设计能力的必由之路。两者相辅相成，共同达到环境艺术设计教学的目的。

此外，学习快速设计是训练设计者思维能力和创作能力的有效办法。通常一个课程设计或一项实际设计工程需要很长的周期来完成，比如一个月、几个月甚至一年半载，在这样长的一个周期内，设计者需要翻阅大量资料，反复地进行方案的比较，与甲方或者与指导教师沟通磨合，这样就很大程度地失掉了设计者最初衷的灵感和思维。然而，快速设计的重点在于方案的构思，在满足环境设计、功能设计、造型设计和装饰设计等一般要求的基础上，力求有一个独特的创

图 1—1
作者：王义男
用纸：复印纸
纸张：A3

意——这样就保持了设计者最初的、最新鲜的设计思维（图 1-1）。

在很短的时间内，合理的总体布局、功能载体美观的造型与丰富的空间，坚实的技术基础，富有创意的表达是快速设计需要重点关注的几个方面。设计者通过反复的快速训练可以充分调动创作情绪，大大提高自己的快速思辨能力、空间想象力。为今后的方案设计和工程设计工作打下良好的基础。

快速设计是检测设计者能力的有效手段。近年来，在我国环境艺术设计的从业人员人数较多的情况下，快速设计成为设计公司招聘人才、硕士研究生入学考试、博士研究生入学考试、国家注册建筑师等职业考试采取的一种有效办法。这是因为快速设计虽然要求在几小时内完成设计，考查内容却覆盖了从审题、把握设计要求、整理设计要素、进行设计构思、绘制专业图纸（如平面图、立面图、天花图、剖面图、透视效果图等）到版面规划等相对完整的过程，能在较短的时间内真实地反映出设计者的设计潜力、创作思维的活跃程度以及图面表达的功底等综合能力（图 1-2~ 图 1-4）。

通过快速设计用人单位或高校可以在较短时间内最大程度地了解一名设计者的专业功底、设计思辨能力与图纸表现能力，而且能够一定程度地反映设计者的内涵和艺术修养。快速设计从表象来看，仅是一个快速表达的形式，实质则是一个设计基础、设计技能、设计方法以及设计综合素质等方面的综合体现，是要通过漫长的学习、训练、观察、沉淀后，才能取得好效果。

在辅导学生训练和收集作品的过程中，很多佳作令人耳目一新。不过，就整体而言，快速设计与表现的优秀案例却出品率不高，折射出当前学生徒手表现基本功普遍不够扎实的现状。因此，我们再次提醒学生应在专业学习的全过程中，注重快速创意设计、图示分析思维及快速表现基本功的训练和积累，一时的突击强化是很难获得理想的快速设计成果的。

图 1—2
作者：刘成
用纸：复印纸
纸张：A3

图 1-3 设计草图（马克笔表现与电脑合成） 作者 文增著

图 1-4 设计草图 作者 文增著

第二节 有效办法

快速设计是训练设计者思维能力和创作能力的有效办法

快速设计在方案设计的初始阶段充分发挥其优势，不但能促进设计方案的快速生成，形成设计师与甲方的图形沟通语言，而且还能不断地增强设计者业务素质和修养，许多大师的成长均证明了这一点。

在高效率、高节奏社会生活的今天，蓬勃发展的环境艺术设计工程实践中，大量工程投标接踵而至，面对建设方急于开工等现状，在这种情况下设计师只能运用快速设计的方法完成设计任务。虽然期限不至于像一两天那样短促，但是也需要设计师在较短的时间内解决设计中的环境设计、功能设计、造型设计和装饰设计等问题，拿出快速而优秀的设计方案，供上级领导或设计使用方审批，设计实践中有时也在十分仓促的时间内提交一份“草”方案，甚至面对委托人当场作业。因此，快速设计是设计师在实际工作中特殊的工作方式和应急的需要。

快速设计工作方法的特点：

1. 设计过程快速
快速设计的“快”体现在整个方案设计的过程中，要求在较短的时间内完成。如 4 小时、6 小时、8 小时或者一两天之内。为了达到快速的目的，就要求对整个设计过程的各个环节都要加快运行速度。要求快速了解设计的环境和概况、快速地分析设计要求、快速理清设计的内外矛盾、快速进行设计创意的构思，尽快找到解决问题的切入点、快速地推敲方案、完善方案，以致快速地用图示的方式表达出来。

2. 设计成果简练
快速设计的成果只要求抓住影响设计方案全局性的大问题，如环境设计考虑、功能分区安排、平面布局框架、造型形式设计等，而设计内容不能面面俱到，不拘泥于方案的细枝末节。

3. 设计思维敏捷
由于设计时间短、速度快，设计思维活动与设计模型的运行就不能稳步推进，要充分调动创作情绪，打开创作思路的灵感，搜索脑海中的信息，快速分析设计矛盾，果断决策方案建构出路，这一系列思维过程是高效率、高度紧张的。

4. 设计表现奔放
快速设计在设计目标、设计过程、设计思考等方面的特点，相应地在表现方面不可能，也没有必要像常规表现图那样表达得非常精致准确，甚至逼真。快速设计表现的“好”在于粗而不糙。要快速就必须放弃一些精度和细节，这就是“粗”；而只有维持了基本的设计要素和形式美感才能显得“不糙”。表现派建筑家艾瑞克·门德尔松（Erich Mendelsohn）就表现出这样一种设计的过程。1920 年，在波斯特顿（Potsdam）设计爱因斯坦塔（Einstein Tower）时，他先提出一个视觉上的基本概念，迅速地描绘出瞭望塔的外形。这份素描的力量不在于正确运用了透视法，而在于它的线条展现出表现派风格的基本要素。从某个方面来看，整个素描的概念既表现了建筑的外观效果，同时也包含了建筑的剖面图，设计师只是用了少许线条便能表现出整个设计的主要形式（图 1-5、图 1-6）。

1963 年，芬兰的设计师阿尔瓦·阿尔托（Alvar Aalto）为不莱梅的那伍瓦尔（Neue Vahr）公寓设计了一份草图，足以作为快速设计的优秀实例。该设计开始时有如孩子随意涂鸦的线条，然而却蕴涵着整个设计的基本特质：住宅建筑向外开展，活动空间简单而紧凑，建筑正面波浪般的线条由许多独立的单位构成，以达到最佳的采光效果。这份草图所呈现的是设计师阿尔托在随手一画中寻找弧形正面的明确外形。这正是整个设计过程中捕捉灵感最重要的一刻，实为难得的表现（图 1-7）。

图 1—5 艾瑞克・门德尔松（Erich Mendelsohn）于 1920 年为波斯特顿（Potsdam）设计爱因斯坦塔（Einstein Tower）时的草图

图 1—6 艾瑞克・门德尔松设计的爱因斯坦塔完成品

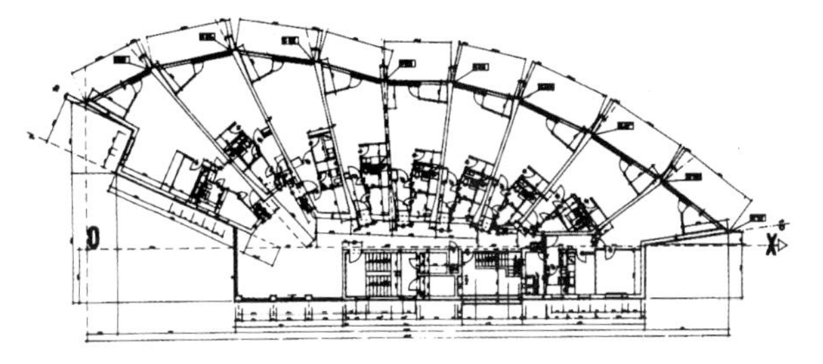

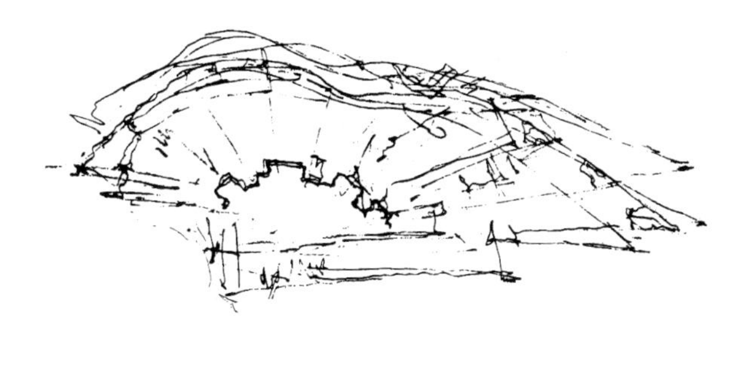

图 1—7 阿尔瓦・阿尔托（Alvar Aalto）的不莱梅那伍瓦尔（Neue Vahr）公寓设计草图，1958—1962

1956 年，丹麦 37 岁的年轻建筑设计师约恩・伍重(Joern Utzon)看到了澳洲政府向海外征集悉尼歌剧院（Sydney Opera House）设计方案的广告。虽然对远在天边的悉尼根本一无所知，借着几个悉尼姑娘对家乡的描述就绘制出了这份设计草图，直到 6 个月之后约恩・伍重本人才知道自己的作品获选。按他后来的解释，他的设计理念既非风帆，也不是贝壳，而是切开的橘子瓣，但是他对前两个比喻也非常满意（图 1-8、图 1-9）。

图 1-8 约恩・伍重(Joern Utzon)为悉尼歌剧院所做的设计草图，虽然图面潦草，但是极具表现力和艺术感悉尼歌剧院（Sydney Opera House）是一个设计新颖的表现主义建筑，这座综合性的艺术中心，在现代建筑史上被认为是巨型雕塑式的典型作品，也是澳大利亚的象征性标志。

图 1-9 约恩・伍重(Joern Utzon)设计的悉尼歌剧院

第二章

课程内容
快速设计的推演

计划学时
8 课时

教学方式
实践为主，通过对其他设计案例的设计过程进行分析。
帮助学生掌握正确的快速设计流程。

实践目的
使学生掌握设计任务书的解决方法，掌握快速设计的流程与方法。

教学要求
1. 要求学生从功能与形式美的双重角度思考并实践。
2. 要求学生具有良好的快速设计基础 。

实践指导
1. 对优秀的设计案例进行分析。
2. 在本章中，工作室的资源、客户公司资源、图书馆资源等将被很好地应用于实际设计工作中。

拓展阅读
《设计的快速推演》
《建筑设计方法》

学习目的

掌握快速设计的方法并实践

重点掌握

分析解读设计任务书，正确地完成设计内容的方法与过程

本章以“别墅庭院设计”和“别墅室内设计”两个实际工程案例与“样板间室内设计”快速设计为案例介绍了快速设计的推演，首先设计者应充分了解设计概论，分析设计任务书，从中抽取设计的要点，其次根据具体的项目具体问题具体分析，进行快速的设计创意构图，进而由简单的线条和图形开始对方案进行一步一步的调整和深入，最后做出相对比较完整的设计。

第一节 别墅庭院

在这一节中，我们通过别墅庭院的实际案例讲解，为大家介绍了进行景观设计的快速推演过程。快速设计要遵循由整体到局部、由粗到细、各图面同步设计的原则。

一、设计概况

基地概况：该项目为辽宁省大连市卡纳意乡某别墅的庭院设计，场地为别墅前院的平地，总面积为 56 平方米。

甲方要求：保证业主的完全私密性、安全性；庭院在功能上要求是一个客厅的延续，如可以在室外聚餐、会客、娱乐、健身等；业主希望能有一个养鱼池，可以养殖一些金鱼以及种植睡莲；此外还希望预留一些花坛可以种花。

二、设计说明

该庭院设计因地制宜地考虑了人与环境的关系，将晨练所用的木铺装放在院子东侧，原因是庭院东侧较为安静，空气比较清新，适合晨练。其次是将水景放在院子西侧，调整庭院内干燥的空气，营造宁静舒适的环境，水景的融入使设计更加灵动，更好地融于自然。南侧为绿化观赏区域，该设计在满足住户生活实用要求的基础上，值得一提的就是在植物配置上，根据大连当地植物的特点进行绿化设计。植物配置的充分考虑，使得设计疏密结合，高低错落，色彩丰富，四季有景，如假色槭三季的红叶，红瑞木冬季独特的景观美。另外，根据业主的需要，栽植了枣树、山楂树等，使得该庭院既可以春季观赏美景，又可以秋季收获果实。让这一面积较小的居家庭院充满了生活情趣。

三、设计推演（图 2–1~ 图 2–9）

图 2—1　场地立面照片

图 2—2　场地鸟瞰照片，通过对别墅庭院的现场了解和考察，设计师因地制宜，在头脑中形成了最初的设计构思

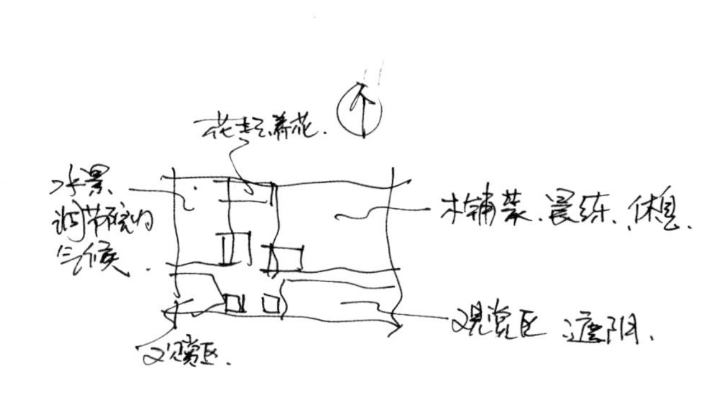

图 2—3 平面草图一，设计师通过与业主的交流，按照业主的要求结合场地环境把庭院分成几大部分：水景区、木铺装晨练区、观赏区、花坛区等。此时的草图是与业主进行交流的一种最初的最快捷的图示语言，这种草图并不是强调一种表象的视觉美，而是运用简洁的线条、简洁的几何体表现设计构思，不苛求技法的娴熟与笔触的流畅

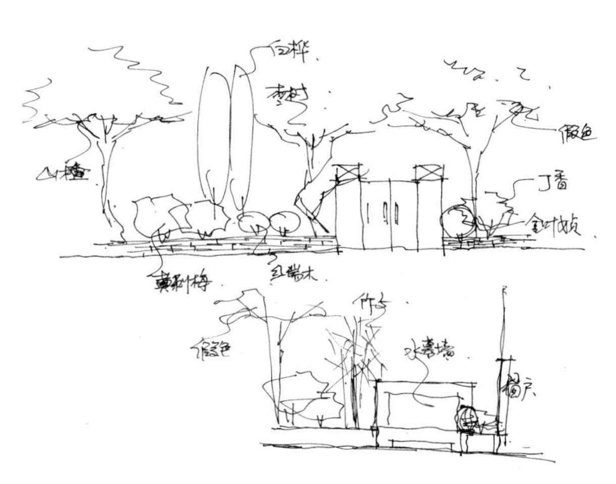

图 2—4 立面草图，在平面确立以后可以绘制立面草图交代出各种植物的搭配关系，植物疏密结合，高低错落，变化比较丰富

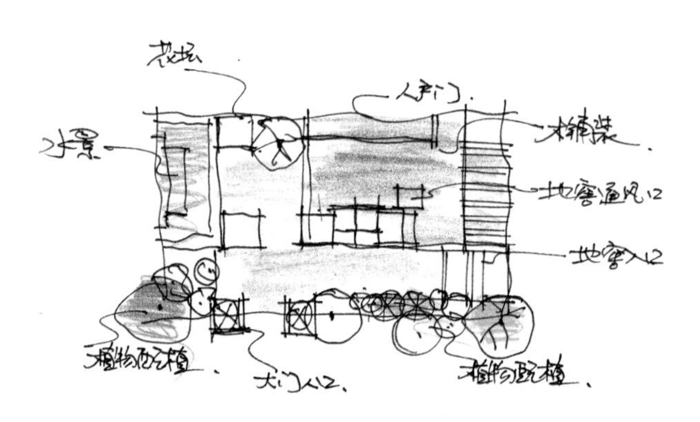

图 2—5 平面草图二，进一步整合设计，对设计的思考进一步深入，方案的框架逐渐明确起来，庭院各部分的比例和尺度关系以及细部考虑也确定下来。此时的草图仍然需要奔放，不可拘谨

图 2—6 庭院局部效果图

图 2—7 庭院局部效果图，略施色彩的局部效果图呈现出不同视点和角度的庭院空间效果

图 2—8 别墅庭院施工中照片

图 2—9 别墅庭院施工中照片

第二节
别墅室内

这一节我们将通过一个别墅室内设计的实际案例，向大家介绍室内设计的快速设计思维与快速表现方法。

一、设计概况

业主家庭结构：一对年龄为 35~40 岁的年轻夫妇，男主人为归国工程师，女主人为舞美化妆师，两位业主喜爱轻松、稳健的现代美式室内风格；8 岁的女儿，性格文静，喜爱画画、唱歌、户外游戏等。

二、设计风格定位

1. 根据现有的面积并不是很大的室内空间，将设计风格定位为：美式混搭风格，营造温馨、典雅、充满活力的室内氛围；
2. 减少室内的隔断，让人视觉流通，将小空间塑造为别墅的感觉；
3. 室内色彩搭配：颜色主要为钴蓝、淡绿、黄色、栗色（木色）等；
4. 固定居住者为父母与孩子，共三人。

三、设计推演（图 2–10~ 图 2–17）

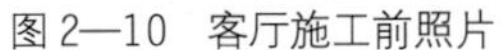

图 2—10　客厅施工前照片

图 2—11　餐厅施工前照片

平面功能布局：
1. 一层除客厅、餐厅、厨房、卫生间等功能外，设置书房，既可以办公，也可以展示业主的收藏爱好。开敞式的厨房与餐厅相连，客厅与餐厅相连，空间不做任何隔断，从视觉上扩大了空间的面积。
2. 二层为男女主人及孩子的生活区，包括主卧室、儿童房、卫生间与露台等。

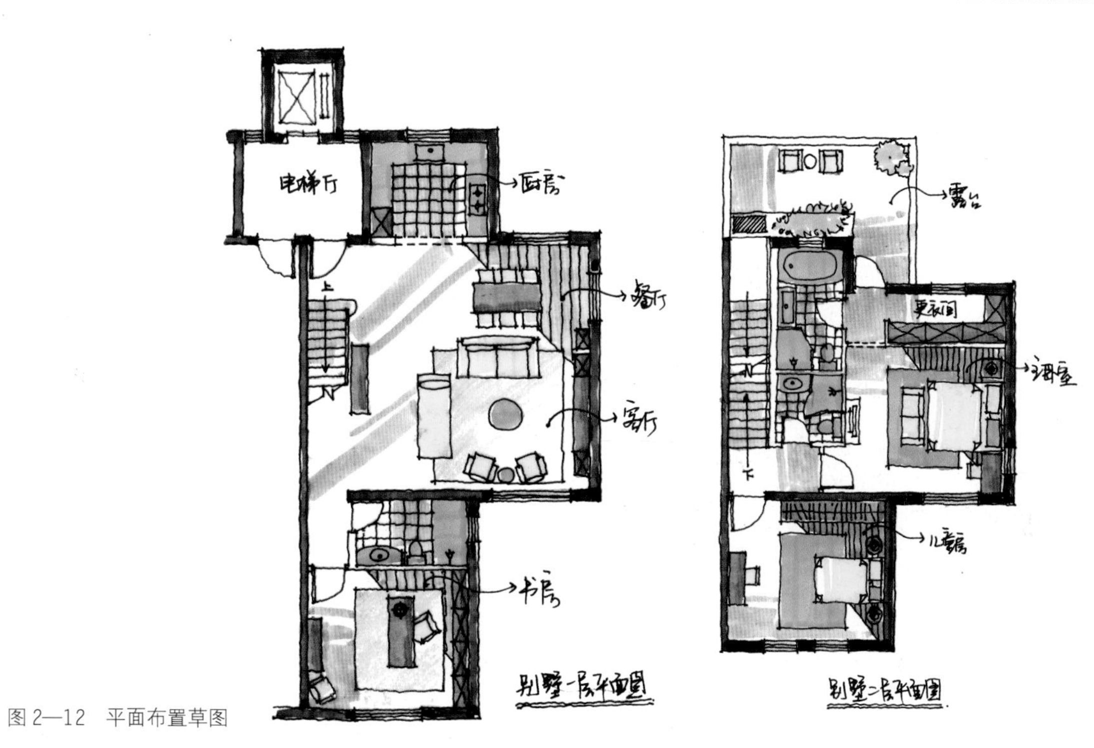

图 2—12　平面布置草图

图 2—13　客厅一角草图，随意流畅的线条，施以简单概括的色彩，配以简单的文字说明，足以表明空间的造型处理和色彩搭配的大致效果

图 2—14　客厅草图，一点透视的效果图简单易绘制，空间的样态大体呈现出来，为业主快速展示了存在于设计师头脑之中的设计构想，成为设计师与业主之间的简洁易懂的设计沟通语言

图 2—15　客厅施工后照片

客厅设于餐厅旁，作为家庭成员休息、交流、娱乐的中心，属于私密性很强的空间。设计师设计的壁炉营造了温馨亲切的美式风情，配以壁龛和装饰画，展示业主的兴趣与喜好。同时沙发和座椅选择轻松明快的式样，优雅的造型，质朴的色调，展现了舒适轻松、含而不露的优雅和文化内涵。将家营造为释放压力、缓解疲劳的地方。

图 2—16　客厅楼梯部分施工后照片

图 2—17　主卧室施工后照片

卧室设计较为温馨，作为主人的私密空间，主要以功能性和实用舒适为考虑的重点，蓝色的布艺软包床头背景墙，配以两侧白色的百叶，卧室用温馨柔软的成套布艺来装点，在软装和用色上与其他房间取得统一。更能衬显出主人的品位和文化气质。

第三节
样板间

在这一节中，我们将通过一个快速设计试题，向大家介绍快速设计的方法，其中包括如何理解题意，如何解读设计任务书，创作构思草图的绘制过程等。

一、设计任务书

一、设计概况

该样板房的使用面积约为 61㎡，房间举架 3000mm，窗下沿距地 300mm，窗高 2300mm，A 窗下沿距地 900mm，窗高 1700mm，外墙厚度 200mm。

建议将此空间设计为两室两厅户型，如可以设计为两间卧室或者一间卧室、一间书房，空间允许的情况下，可增设衣帽间。

二、设计要求

1. 对应形象客户群体：新婚置业人群、单身人群。
2. 室内应具备卧室、卫生间、厨房、餐厅、客厅和学习区等，位置自定。
3. 室内设计风格自定。
4. 强调样板房展示性的同时，兼顾其使用功能。
5. 强化该户型采光良好的优势。

三、图纸要求

1. 平面图、天花图各一张，比例为 1 ：50；立面图一张，比例为 1 ：25。
2. 效果图两张，其中一张为局部效果图。
3. 附 150 字以内的设计说明。

四、制图及图幅要求

图纸尺寸为 A2；可使用绘图纸；表现手法自定。

五、附图

平面图如下（图 2-18）：

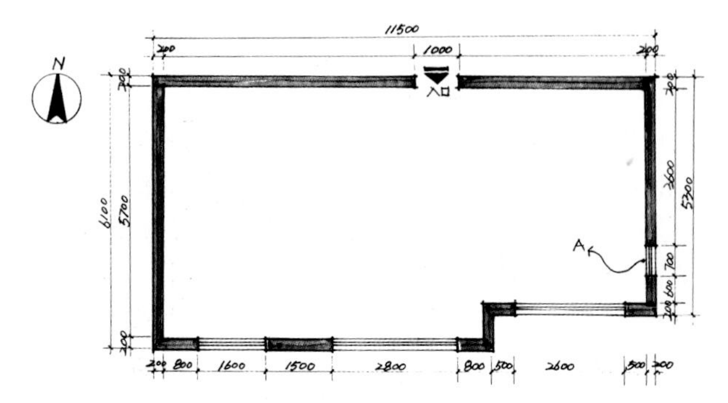

图 2—18 平面图

二、理解题意

理解题意是展开快速设计的第一步，也是决定设计方向的关键性一步。理解对了，可以把设计思路引向正确的方向，理解偏了，则导致设计路线步入歧途。

题意要从设计任务书的要求包括命题上仔细琢磨。该设计的命题为：样板间室内设计。

近年来随着时代的发展，人们生活水平不断提高，各种新楼盘应运而生，而样板间的设计则是时代推出的必然产物。而很多学生甚至设计师常常将样板间的设计与普通的居家设计相混淆。样板间设计是不同于普通的居家设计的，它是一种商业性设计，普通的居家设计强调的是居住功能，房屋必须具有实用性、耐久性、可持续性和可维护性；而样板间不仅强调的是居住功能，更加侧重展示功能，展示房地产项目的特色与空间之美，是对未来生活方式的一种诠释。

样板间设计的特点：
一、客户的对象是广泛的群体而不是个体；
二、其目的是销售空间产品而不是直接使用；
三、样板间的设计侧重展示功能，而不是居家使用功能；
四、投资者是房屋的售卖人而不是使用者；
五、设计强调实验性和展示性。

室内设计的风格包括现代简约风格、田园风格、欧美风格、中式风格、地中海风格、东南亚风格、日式风格等。设计师应根据楼盘的特点和整体风格来定位样板间室内空间的风格。

确定了命题的含义以后可以对设计任务书进行进一步的解读与分析。

三、设计任务书的解读与分析

设计任务书是进行快速设计的重要指导性文件，它从各个方面对设计提出要求。这些要求有些是以明确的规定、数字指标、图示形式进行表达；有些是以叙述性文字进行表述，这时就需要设计者自行剔除无用信息，提炼有用信息，并把它们转化为设计要点。因此，只有充分熟悉设计任务书各个构成部分及其传达出的有用信息，才能在正式设计时做到心中有数。并且，设计任务书中的各项要求也是最终评判快速设计优劣的标准。

应试设计任务书的表述形式是多种多样的。概括而言，它所表达的内容基本可归纳为设计概况、设计要求、图纸内容、制图与图幅要求以及附图五个部分。

其中，设计概况、设计要求及附图包含了与设计方案相关的全部信息，因此，在设计初始阶段要反复阅读，在设计过程中也要反复对照。图纸内容、制图与图幅要求包含了与设计成果表现和设计的工作量，进而影响到各个阶段的时间分配。那么我们阅读以上设计任务书之后，我们会发现命题没什么特别之处，内容也一目了然，只要把样板间与普通的居家设计分开来对待就好。但是设计任务书中提出，要强化该户型采光良好的优势，这是设计者应当重点关注的问题。日光朝向是指房间朝南，住户能充分享受早晨和午后的温暖阳光。因此，设计者应使主要使用房间拥有良好的朝向，并且辅助使用房间也能感受到房屋的通透与生机。尽量使房间显得宽敞明亮，唤起购房者的购买欲望。如果房间内的分隔墙或隔断过多、材料使用不当，则会给人带来压抑、沉闷的空间感受。

四、设计构思草图

对设计任务书进行了分析之后，可以用粗放、写意的图示反映出思维的活跃，它只表达方案构思的意图，设计者借助于徒手草图，将思维中不稳定的、模糊的意象变为视觉可感知的图形。这种图形可以不必太具体，不用表达得太漂亮，其目的是及时记录思维活动，并通过这种图示调动视觉器官，进一步刺激思维的发展。如果我们的设计操作一开始就是具体的、细致的，其后果将思维误导到对细部的考虑而忽略对整体的把握，这有悖于前述的正确的设计方法。设计过程由粗到细不只是简单的图示表达方式，更主要的是一种正确的思维方法和设计方法。

那么根据任务书的要求，该样板间需设计为两室两厅户型，对应的形象客户群体被设计者定位为新婚置业人群。这一点比较重要，因为住户的人数、年龄、性别、活动以及相互之间的关系是住宅设计的一个主要因素，确定了这些信息，才能满足每一位住户的特殊需求和利益以及住户的总体需求和利益。那么设计者由此确定了主要的使用房间，其中包括卧室、书房、客厅、餐厅；辅助使用房间包括卫生间、厨房、衣帽间（图 2-19）。

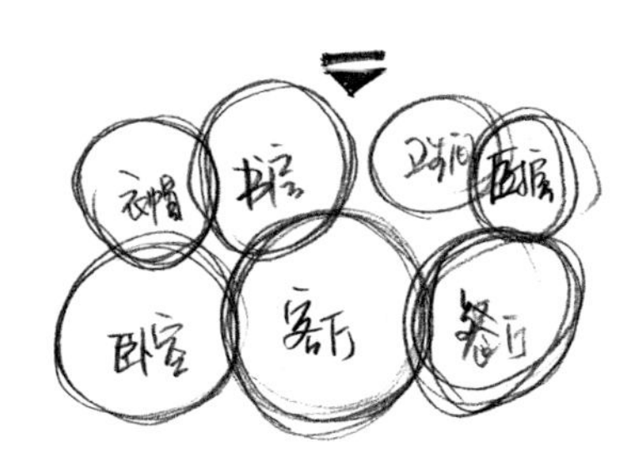

图 2—19　泡泡图中的距离表示了室内各区域间和各种活动间的关系，以及各空间大致的面积配比

确定好了以上的信息后，要对房间进行区域划分，从最小模型到最大的住宅，空间都被划分为各个区域。设计师根据每个人对私密性和交际的需求，将同类活动集中在一个区域，而将不同的活动相互分隔开来。住宅主要包括三个区域：交际区、私人区和工作区。过渡区或半公共、半私人区包括入口、出口和走廊——是各主要区域之间的调节点或缓冲区；交际区在功能上与厨房工作区以及主通道密切相关；休息区或卧室是家中的私人、半私人区，在定位私人区时，最重要的是要保证这些区域的私密性；所谓的工作区包括烹饪、洗衣、储藏区等。

为了使住宅拥有最大的使用效率，通道都应该尽可能少占用空间，应该尽可能短些、直些、转角少些，应该从主入口处向各个方向延伸，连接室内的各个区域，而不应使人必须穿过一个区域才能达到另一个区域。所有的房间都应有方便的通道，住户无须经由一个房间进入另一个房间。这时可以在草图上继续绘制通道系统分析图，进一步验证方案的合理性，以及确定最终方案。下图为室内的通道系统分析图（图 2-20、图 2-21）：

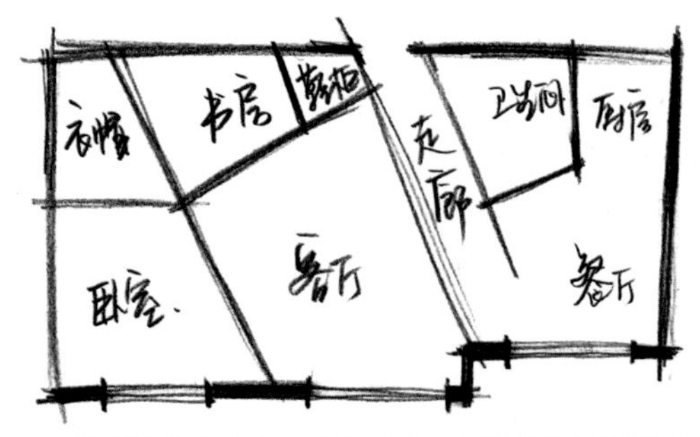

图 2—20　从思维的乱麻中，理出形成方案框架的平面草图，该样板间方案用斜线分隔空间，打破了横平竖直的传统平面形式，具有很强的实验性，突出了样板间的展示功能

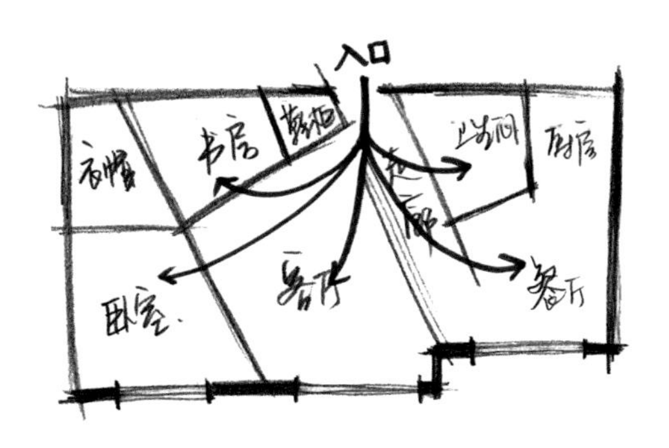

图 2—21　通道系统的分析图，高效的通道系统将室内交通所需要的空间减少到最小程度

五、上版阶段

通过快速的设计思维确立了以上的信息后，设计者开始进行版面规划和快速表现，这一阶段在整个快速设计的过程中是十分重要的，设计的表现成果一方面表达了设计的优劣，另一方面也体现了设计者的素质和基本功。对于选拔人才来说，评委很看重这两方面的因素。

在版面上按设计任务书规定的图纸要求，将平面图、立面图、天花图、效果图和文字等部分进行定位，用软硬适中的铅笔在图面上迅速画出定稿图，此阶段应注意版面的构图。先按比例画图面的外轮廓线，再画隔段墙的位置、门窗洞口的位置，进而确定家具、灯具、陈设等的样式，这一阶段是对整个设计的进一步调整和完善。

图稿确定后，可以按设计者较为擅长的方式进行最后的图面表达。

在线条的绘制中，可以采用尺规线条图，也可以采用徒手线条图，无论采用那种线条，都应注意用笔流畅，体现的速度感，线条的交接处分明，宁可线条交叉可以稍微出头，也要避免搭接不上的弊端。

在上色阶段，选用自己擅长并表现快速的工具来表现，如马克笔和彩色铅笔等。色彩搭配要和谐，体现设计的主题，避免过多的使用纯颜色，使得画面过火。

当速度与精度相互冲突时，先选取哪一方？一定是速度！在保证速度，即遵守时间的前提下，顾全大局，先总体后局部，先把握大的方向，再绘制图面的细节，尽可能完整、流畅地把设计构思表达出来。

设计实例（图 2–22）

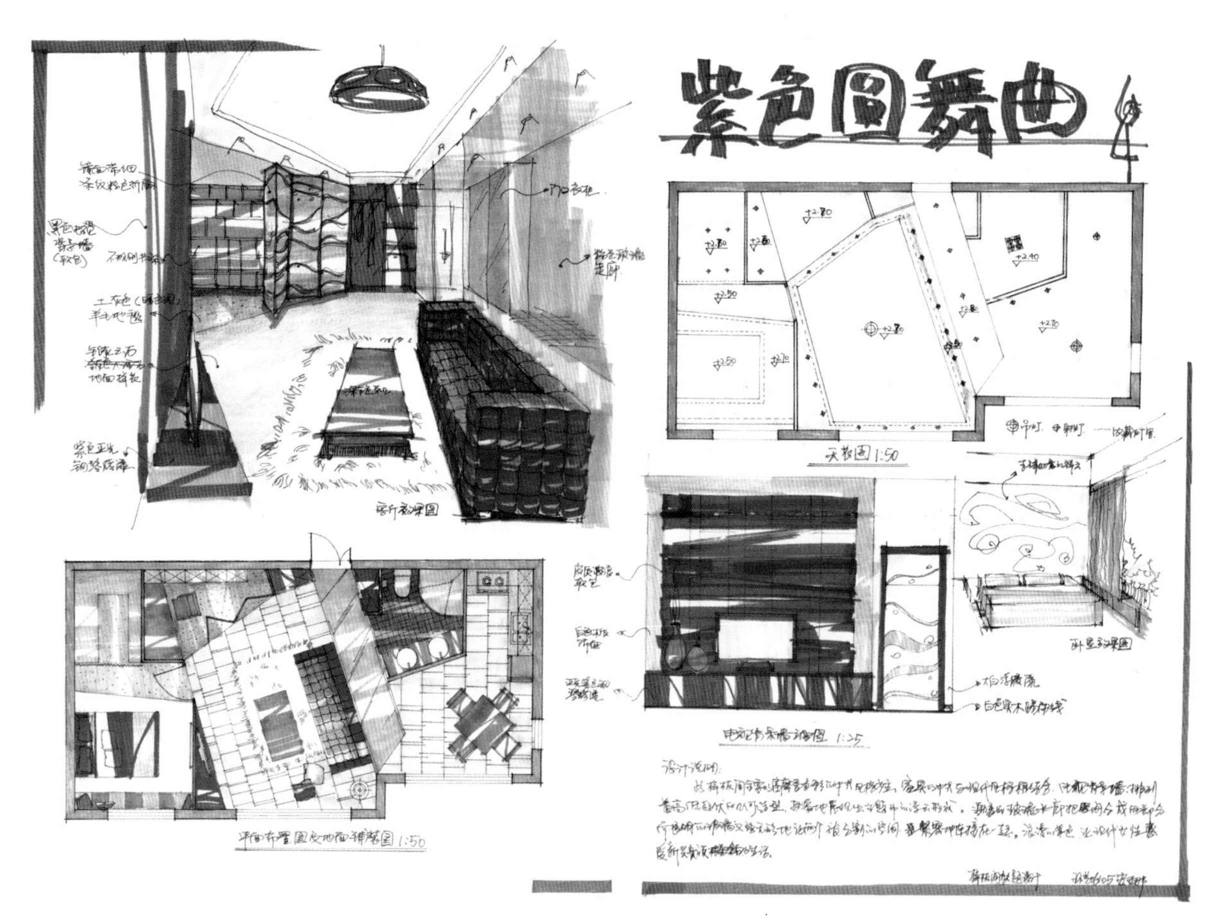

图 2—22

该样板间的设计打破了传统居室横平竖直的布局方式，采用斜线来分割空间，虽看似凌乱，实为营造了一种特有的空间秩序。室内被划分为两室、两厅、一厨、一卫，兼具一个衣帽间，空间面积虽小，功能俱全，为新婚置业人群营造出一个温馨舒适的小家。创意大胆独特，室内风格为现代简约，色彩以紫色为主，极具视觉冲击力。

材料运用恰当，玻璃隔断与玻璃小走廊的设计较为讨巧，玻璃材质具有透明、清新等特点，在视觉上扩大了空间面积，充分利用自然光，使室内的各个空间和角落充满日光的明快和温暖。突出了该户型采光好的优势，并且为楼盘的户型展示提供了一个优秀的示范样板。

另外，该快速设计，充分展示了作者扎实的透视、绘画基础，能够将创意快速、准确、生动地表现出来。

第三章

第一节　铅笔、钢笔表现

第二节　水彩表现

第三节　水粉表现

第四节　彩色铅笔表现

第五节　马克笔表现

课程内容
快速设计表现的种类与方法

计划学时
4 课时

教学方式
理论结合实际训练。

优秀作品赏析。

实践目的
了解设计表现的种类与方法，掌握快速的、表现力强的设计表达方法。

教学要求
1. 要求学生具有良好的制图基础与构图能力。

2. 要求学生多动手绘制表现图 。

实践指导
1. 本章内容应关联第二章。

2. 本章内容与“透视”“形态表达”等课程有链接。

拓展阅读
《环境艺术设计表现技法》

《设计透视》

《马克笔表现技法》

学习目的

了解各种表现媒介的优缺点

掌握马克笔表现技法

重点掌握

进行透视效果图的绘制训练

掌握马克笔上色技巧

本章内容介绍了环境艺术设计表现的各种媒介的性能和表现方法，如铅笔、钢笔、水彩、水粉、彩色铅笔和马克笔等的性能及特点，重点阐述了马克笔表现的绘图步骤和方法。
使广大的设计者在快速设计实践中，选择自已擅长的方式来表示设计意图，并附大量优秀的表现作品供读者欣赏。

第一节
铅笔、钢笔表现

铅笔最适合的用途是素描以及草图阶段的方案绘制。钢笔表现有类似白描画法的效果。

在环境艺术设计表现形式和技法中，专业人员用得最多的笔有以下几种：铅笔、钢笔与针管笔、水彩、水粉、彩色铅笔、马克笔以及各种表现介质的综合运用的技法。对这些工具和技法透彻理解，了解它们的性能、特点、局限性以及使用方法，依据具体情况选择适合的表现，将会对设计表现有极大的作用。

在快速设计表现中，设计者可采用自己擅长的方式方法，无论采用尺规作图还是徒手表现，无论黑白线条还是色彩表达，只要能做到形象直接、美观达意都是完全可以的。

下面我们将对这些技法进行讲解，一一介绍它们的特点、性能、局限性以及使用方法，并附相应的图例。

铅笔表现

铅笔表现，是所有造型艺术最基本的表现手段之一。铅笔很容易被擦除干净，可以被快速修改，线条变化丰富，因此很多专业人员喜欢使用铅笔作为其主要的表现工具。铅笔是由石墨和黏土制成的。石墨越多，黏土越少，铅的颜色就越深，质感也越柔软；反之，铅笔的铅就越结实，颜色越浅。故此，深色的铅笔就属于 B~9B 系列，而浅色的就是 H~9H 系列。各类铅笔表达效果各不相同，用笔的轻重缓急、力度变化也需要多加练习，仔细体会（图 3-1、图 3-2）。

铅笔尽管有时也用于成稿，但由于其便于修改和色彩单一等特点，铅笔最适合的用途还是素描以及草图阶段的方案绘制。

图 3—1

作者：WALTER GREUB（美国）用纸：素描纸 纸张：A4

图 3—2

作者：乔会杰

用纸：素描纸

纸张：A3

钢笔表现

钢笔表现有类似白描画法的效果。严谨、细腻、单纯、简便，常作为淡彩透明水色、马克笔和水溶性彩铅效果图的基础。同时，也可以作为一种独立的效果图表现形式。

钢笔表现重要的造型语言是线条和笔触。线条的轻、重、缓、急，笔触的提、按、顿、挫都是要认真研究的。运用点、线、面的结合，简洁明了地表现对象，适当加以抽象、变形、夸张，使画面更具有装饰性和艺术趣味。钢笔绘制应注意的是，钢笔画受工具、材料的限制，绘制的画幅不宜过大，否则难以表现。但钢笔画的纸张不受限制，选择的纸张以光滑、厚实、不渗水的为好，一般绘图纸、白卡纸、复印纸等即可。钢笔画线条具有生命力，下笔尽量一气呵成，不做过多修改，以保持线条的连贯性，使笔触更富有神采。

钢笔画分为尺规线条图和徒手线条图。采用辅助工具绘制的钢笔画，有规整、挺拔、干净、利落的特点；徒手表现图会取得自由、流畅、活泼、生动的效果。徒手表现具有速写的气质，突出快捷性，能够节省作图时间，更适应现代人生活的快节奏，适合快速表现的需要（图 3–3~ 图 3–7）。

图 3—3
作者：耿小霞
用纸：复印纸
纸张：A3

图 3—4
作者：祝鸿美
用纸：复印纸
纸张：A3

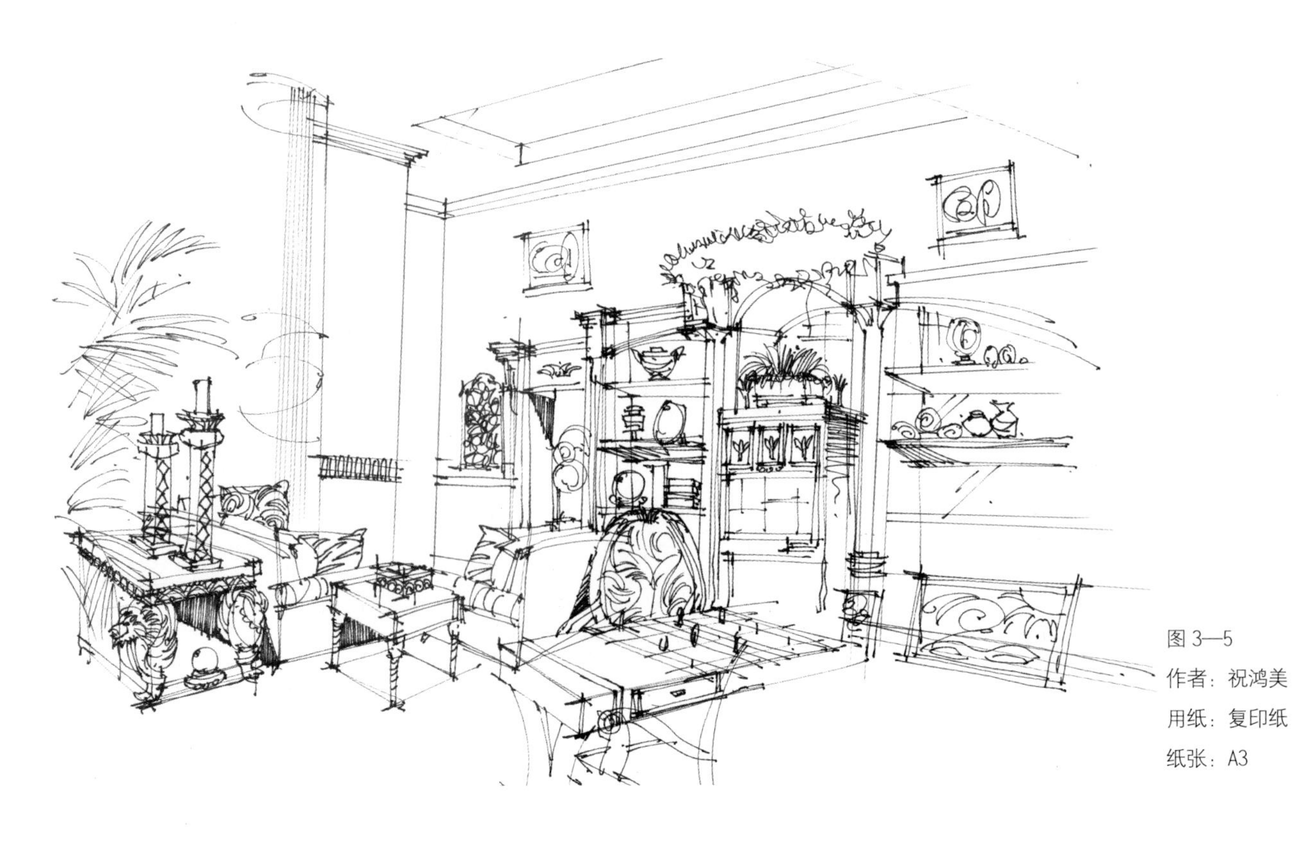

图 3—5
作者：祝鸿美
用纸：复印纸
纸张：A3

图 3—6
作者：刘成
用纸：复印纸
纸张：A3

图 3—7
作者：刘成
用纸：复印纸
纸张：A3

第二节
水彩表现

水彩渲染对水分、时间和运笔技巧的掌控要求很高，有一定的技术难度。但准备工作和清洗较费时，附带工具较多携带不方便。

这一节是水彩表现部分，我们介绍水彩表现的特点和绘制方法，并附优秀作品供读者赏析。

水彩表现

水彩属于半透明颜料。性质介于透明水色和水粉之间。水彩渲染起源于英国，使用历史悠久，其色彩透明、鲜亮、明快，画面感觉清爽，富有空气湿润感。很适合表现色彩过渡、褪晕细腻的方案图。

渲染是水彩表现的基本技法，其中包括以下三种方法：

1. 平涂法：调配同种色水彩颜料，大面积均匀着色的技法。

要点：注意水分的控制，运笔速度快慢一致，用力均匀。

2. 叠加法：在平涂的基础上按照明暗光影的变化规律重叠不同种类色彩的技法。

要点：水彩的叠加要待前一遍颜色干透后再叠加上去。

3. 退晕法：通过在水彩颜料调配时对水分的控制，达到色彩渐变效果的技法。

要点：体现出色彩的渐变层次，不留下明显的笔痕。

绘制水彩画的时候，要充分发挥水彩透明、淡雅的特点，使画面润泽而有生气。上色水彩画在作图过程中必须注意控制好物体的边界线，不能让颜色出界，以免影响形体结构。留白的地方先计划好，按照由浅入深、由薄到厚的方法上色，先湿画后干画，先虚后实，始终保持画面的清洁。色彩重叠的次数不要过多，否则色彩将失去透明感和润泽感而变得模糊不清。

水彩渲染对水分、时间和运笔技巧的掌控要求很高，有一定的技术难度。色彩稳定性较其他颜料好，适宜长时间保存。但准备工作和清洗工作较费时间，附带工具较多，携带不方便。湿度高，干燥较慢，若在快速表现中大面积运用则不占优势（图 3-8~ 图 3-12）。

图 3—8

作者：托马斯 · 沙勒

用纸：水彩纸

纸张：A2

图 3—9
作者：佚名
用纸：水彩纸
纸张：A2

图 3—10
作者：佚名
用纸：水彩纸
纸张：A2

图 3-11
作者：文增著
用纸：水彩纸
纸张：A2

图 3-12
作者：文增著
用纸：水彩纸
纸张：A2

第三节 水粉表现

画面色彩厚实、明快，覆盖力很强，非常适宜表现厚重的体量和质感。

在这一节中，我们介绍水粉表现的特点和绘制方法，并附优秀作品供读者赏析。

水粉表现

画面色彩厚实、明快，覆盖力很强，非常适宜表现厚重的体量和质感。水粉表现能层层覆盖，便于修改，能深入地塑造空间形象，逼真地表现对象，获得理想的画面效果。水粉薄涂有轻快透明的效果，调色时要加入较多的水分，颜料稀薄，宜表现远景和暗景。

水粉的基本技法有平涂法、退晕法、笔触法等。

绘制方法：拷贝和裱纸时不要损伤画面，如果直接用铅笔起稿，线条要轻，尽量少用橡皮，以免影响着色效果；上色时，先整体后局部，控制画面的整体色调，一般先画深色，后画浅色，色彩要有透气感，不沉闷。大面积宜薄画，局部细节可厚涂，暗面尽量少加或不加白色，亮面和灰色面可适当增加白色的分量，以增加色彩的覆盖能力，丰富画面的色彩层次；水粉颜色调配的次数不要太多，否则色彩会变灰、变脏，颜色失去倾向。如果画脏必须洗掉，重新上色时可厚些。
水粉的色彩性能掌握较水彩容易，但是色彩湿润和干燥后的差异较大，是掌握的难点。水粉虽然覆盖性强，但覆盖多次后，底层色彩会反到表层，画面易脏。因为携带、准备和清洗不方便，也不适合在快速表现中大面积地使用（图 3-13~图 3-15）。

图 3—13
作者：佚名
用纸：水粉纸
纸张：A2

图 3—14
作者：佚名
用纸：水粉纸
纸张：A2

图 3—15
作者：乔会杰
用纸：水粉纸
纸张：A2

第四节
彩色铅笔表现

彩色铅笔携带方便，色彩丰富，表现手段快速、简洁，比较适合快速表现时使用。

第三章的这一节是彩色铅笔表现部分，我们介绍彩色铅笔表现的特点和绘制方法，并附优秀作品供读者赏析。在快速表现中，马克笔结合彩色铅笔的表现方式较占优势。

彩色铅笔表现

彩色铅笔分为两种，一种是水溶性彩色铅笔（可溶于水），另一种是油性彩色铅笔（不能溶于水）。彩色铅笔的使用方法同普通素描铅笔一样，但彩色铅笔进行的是色彩的叠加。彩色铅笔使用简单，易于掌握，颜色多种多样，画出来效果较淡，清新简单，大多便于橡皮擦去。

水溶性彩色铅笔是绘画中比较常用的工具，用水溶性彩色铅笔画好后，使用水和毛笔着色后可产生富于变化的色彩效果，颜色可混合使用，产生像水彩一样的效果，优点是比绘画中最难画的水彩画更容易掌握。表面粗糙的纸张都是画彩色铅笔画的最佳选择。用油性的彩色铅笔画完后会有光泽，类似蜡笔的效果，可做特殊处理时使用。

彩色铅笔不宜大面积单色使用，否则画面会显得呆板、平淡。在下笔时应该有虚实和轻重缓急，同时注意不同颜色在叠加时所产生的色彩关系。彩色铅笔上色不提倡涂满，随意地表示一下，把物体的材质、颜色表现出来即可。在实际绘制过程中，彩色铅笔往往与其他工具配合使用，如与钢笔线条结合，利用钢笔线条勾画空间轮廓、物体轮廓，运用彩色铅笔着色；与马克笔结合，运用马克笔铺设画面大色调，再用彩铅叠彩法深入刻画；与水彩结合，体现色彩退晕效果等。

彩色铅笔有其特有的笔触，用笔轻快，线条感强，可徒手绘制，也可靠尺规排线。绘制时注重虚实关系的处理和线条美感的体现。彩色铅笔携带方便，色彩丰富，表现手段快速、简洁，比较适合快速表现时使用（图 3-16~ 图 3-20）。

图 3—16
作者：张君龙
用纸：复印纸
纸张：A4

图 3—17
作者：王义男
用纸：素描纸
纸张：A3

图 3—18

作者：陈涛

用纸：复印纸

纸张：A4

图 3—19
作者：李袁
用纸：复印纸
纸张：A3

图 3—20
作者：王义男
用纸：复印纸
纸张：A4

第五节
马克笔表现

马克笔表现是快速表现中最常用的，也是最容易出效果的表现技法。

第三章的最后这一节是马克笔表现部分，是快速表现中最常用的技法。本节介绍马克笔表现的特点、绘制方法和马克笔表现图的作画步骤，并附优秀作品供读者赏析。

马克笔表现

马克笔又叫麦克笔，英文名为“MARKER”，英文原意为“记号”、“标记”。19 世纪 60 年代被首次推出，主要是包装工人、伐木工人画记号使用的，马克笔是近年来从国外引进的一种绘图工具，它不需要传统绘画的准备与清理时间，能以较快的时间，准确而清晰地表达设计内容。马克笔多用于辅助表达设计意图，记录设计师的某种瞬间灵感以及创作马克笔画。

马克笔的种类很多，在此介绍两种常用的。
（1）水性：水性马克笔溶于水，且无浸透性，表现的效果与水彩相当。其笔头的形状有方头、尖头、四方宽头。可根据画面的需要选择不同类型的笔头进行刻画。
（2）油性：油性马克笔以一头尖细、一头扁宽的类型居多。其不溶于水，挥发较快，并可浸透纸张。油性马克笔可以与其他水性画笔搭配使用，如水性马克笔、水溶性彩铅。

在纸张的选择上，可用马克纸、普通白纸（复印纸）、色纸、硫酸纸、草图纸、铜版纸、卡纸等，经过练习，掌握每种纸的特点，选择自己习惯用的即可。一般说来，色纸的表现要考虑纸的颜色对画面氛围的影响，如硫酸纸和草图纸涂色后看起来色彩会变浅，后面垫一层白纸后即可显示真实颜色。平时的习作中可选用普通白纸，经济实惠，图面的效果也不错。

马克笔一般常与钢笔线描相结合，用钢笔线条造型，以马克笔着色。马克笔色彩较为透明，通过笔触间的叠加可产生丰富的色彩变化，但不宜重复过多，否则将产生“脏”、“灰”等缺点。着色顺序先浅后深，力求简便，用笔帅气，力度较大，笔触明显，线条刚直，讲究留白，注重用笔的次序性，切忌用笔琐碎、零乱。马克笔常与水溶性彩色铅笔结合，可以将彩色铅笔的细致着色与马克笔的粗犷笔风相结合，增强画面的立体效果和细部的过渡。

在快速表现中，以马克笔结合彩色铅笔的表现较占优势，工具便于携带和清理，对纸张的选择较宽泛，画面效果响亮，因此马克笔表现是快速表现中最常用的，也最容易出效果的表现技法。

马克笔表现图的作画步骤

马克笔表现图的绘制有一定的规律可循，下面我们就分步骤来介绍两幅作品的创作过程。

步骤图实例一

1. 首先用钢笔把骨线勾勒出来，勾骨线的时候要放得开，不要拘谨，允许出现错误，因为马克笔可以帮你盖掉一些出现的错误（图 3—21）。

2. 通常由整体透视关系，并以其作为参照绘制物体的透视和比例关系，同时要注意线条因地制宜地运用，包括如何运用不同类型的线条塑造材质各异的形体，并表现其质感（图 3—22）。

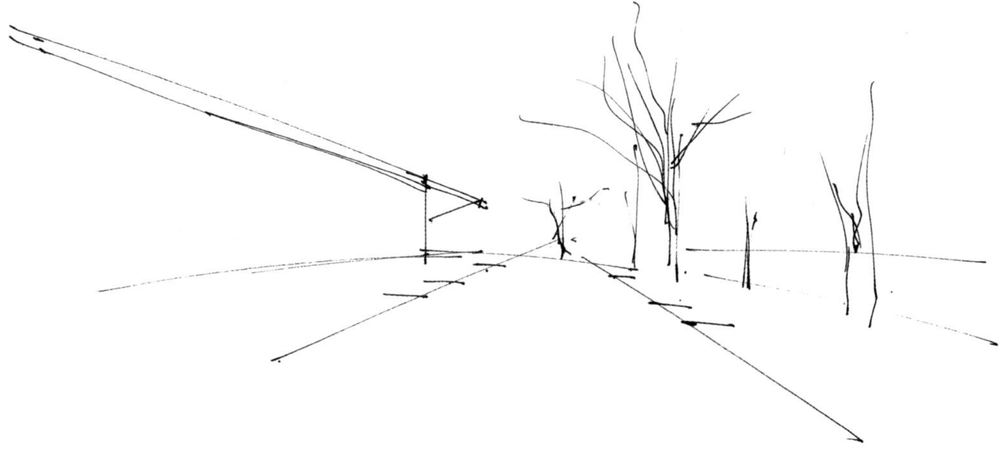

图 3—21

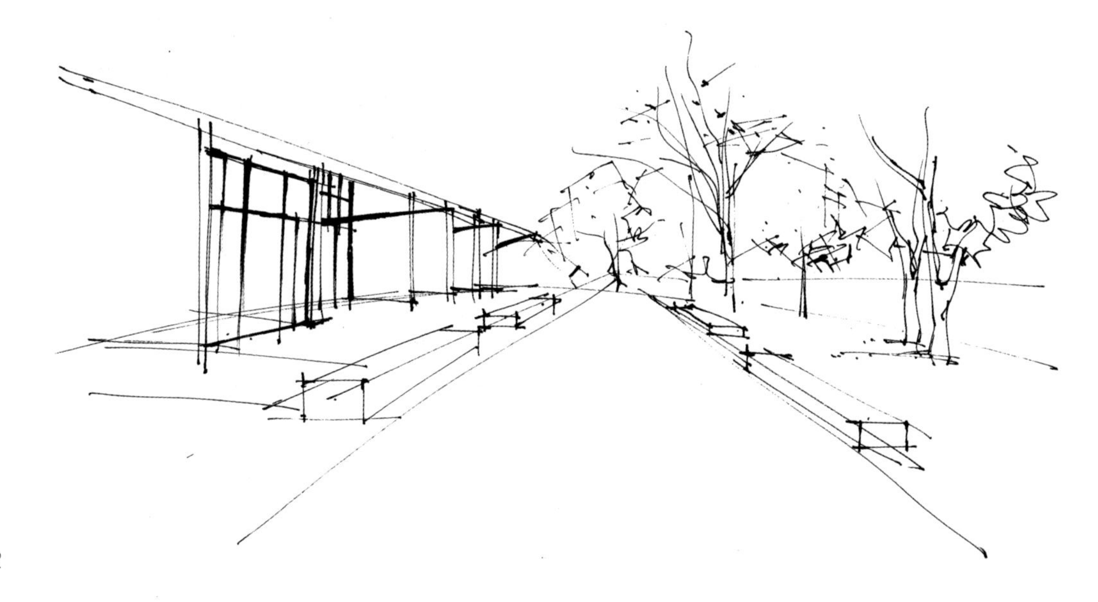

图 3—22

3. 添加细节，加入人物等配景，使画面构图生动、真实（图 3—23）。
4. 着色的基本原则是由浅入深，通盘考虑图面的整体色调。采用不同明度、纯度的马克笔逐层着色，进一步肯定形体，拉开图面的明暗层次关系（图 3—24）。

图 3—23

图 3—24

5. 绘制图面中其他相关配景，交代其色彩、形体、材质等因素即可，初步绘制完成后，对图面的空间层次、虚实关系进行统一调整，同时把环境色等因素考虑进去（图 3—25）。
6. 调整色调和大的绘画关系，层次丰富的部分可采用彩色铅笔作过渡处理，最后完成效果图的绘制（图 3—26）。

图 3—25

图 3—26

步骤图实例二

1. 在设计构思成熟后，确定表现思路（如表现角度、透视关系、空间形体的前后顺序等），明确需要表现的重点，分清大的体块关系，绘制大体的透视框架（图 3—27）。

2. 在步骤一的透视基础上进一步完善画面内容（图 3—28）。

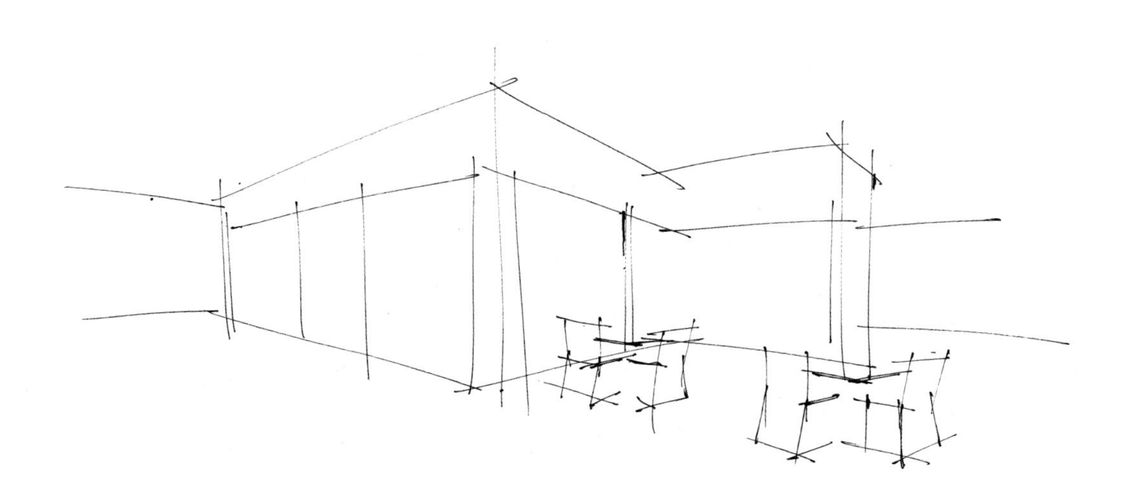

图 3—27

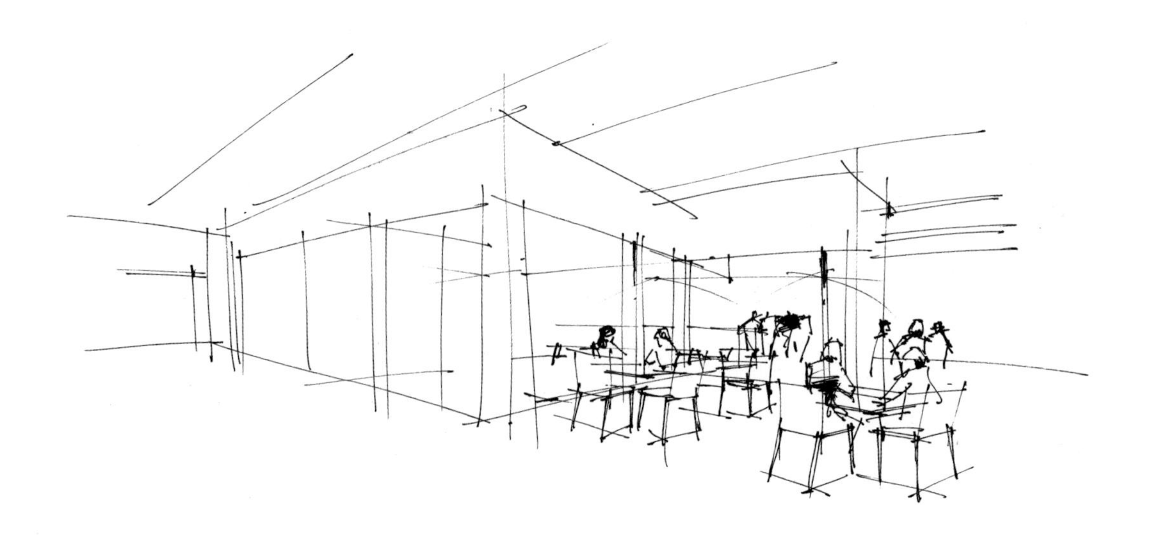

图 3—28

3．添加细节，使空间场景生动真实（图 3—29）。
4．上色，在完成的线稿上绘制大的色块，按照先主体后配景、先浅后深、先粗后细的原则进行着色，注意把握画面的明暗关系、冷暖关系、虚实关系等（图 3—30）。

图 3—29

图 3—30

5. 调整，这个阶段主要对局部做些修改，统一色调，对物体的质感做深入刻画。到这一步需要彩铅的介入，作为对马克笔的补充，彩铅修改的部分不要过多，时间不要过长，因为彩铅画多了容易发腻，反而影响效果（图 3—31）。

图 3—31

参考图例（图 3-32~ 图 3-47）

图 3—32
作者：刘成
用纸：复印纸
纸张：A3

图 3—33
作者：刘成
用纸：复印纸
纸张：A3

图 3—34
作者：王义男
用纸：复印纸
纸张：A3

图 3—35
作者：王义男
用纸：复印纸
纸张：A3

图 3—36
作者：王义男
用纸：复印纸
纸张：A3

图 3—37
作者：王义男
用纸：马克笔纸
纸张：A3

图 3—38
作者：王义男
用纸：复印纸
纸张：A3

图 3—39
作者：王义男
用纸：复印纸
纸张：A3

图 3—40
作者：王义男
用纸：马克笔纸
纸张：A3

图 3—41
作者：姜珊
用纸：复印纸
纸张：A3

图 3—42
作者：潘洁
用纸：复印纸
纸张：A3

图 3—43

作者：王浩男

用纸：复印纸

纸张：A3

图 3—44
作者：潘洁
用纸：复印纸
纸张：A3

图 3—45
作者：潘洁
用纸：复印纸
纸张：A3

图 3—46
作者：祝鸿美
用纸：复印纸
纸张：A3

图 3—47
作者：潘荟竹
用纸：复印纸
纸张：A3

4

作品点评

第四章

课程内容
建筑、景观、室内设计快速训练与作品点评。

计划学时
24 课时

教学方式
实践为主，布置设计任务书，指导学生按任务书的要求在规定的时间内完成设计。

实践目的
1. 快速地解读设计任务书，确立设计构思框架，完成设计图纸的绘制。

2. 为建筑、景观、室内设计的工程实践打基础。

3. 提供相关的专业测试参考。

教学要求
要求学生在较短的时间内确立设计与创意，思考并实践。

要求学生具有快速分析能力与快速表达能力。

实践指导
1. 设计图纸应简单，构图饱满均衡。

2. 本章内容应关联四章，要求学生把握快速表达的技巧。

3. 在本章中，通过大量生动的设计作品的分析与解读，使设计者扬长避短，从中得到帮助和启发。

拓展阅读
《建筑设计原理》

《园林景观设计》

《室内设计原理》

学习目的

掌握快速设计的方法并实践
分析作品并总结经验，为环境艺术设计工程实践打基础，
为相关专业的设计测试作准备

重点掌握

针对具体的设计实践，在规定时间内完成设计的构思与图纸的表达。

建筑、景观、室内设计是实践性极强的环境艺术设计，在这一章中，组织学生进行大量的快题设计训练，并对快题设计作品从设计与表现两个方面进行分析点评，为广大的设计者提供了大量生动而实用的指导。

第一节
建筑设计类

一、现代艺术画廊设计
二、美术馆建筑设计

这一章是快速设计的实践部分，在本节中我们列举了一些建筑类快速设计作品，并对作品中暴露出来的典型问题进行了设计与表现的分析与点评。

一、现代艺术画廊设计

设计任务书：

拟在东北地区某高校的平坦场地中，建设一座别具风格的现代艺术画廊，为在校师生提供展示艺术作品的空间和交流创作思想的场所。具体地形见下图（图 4—1）：

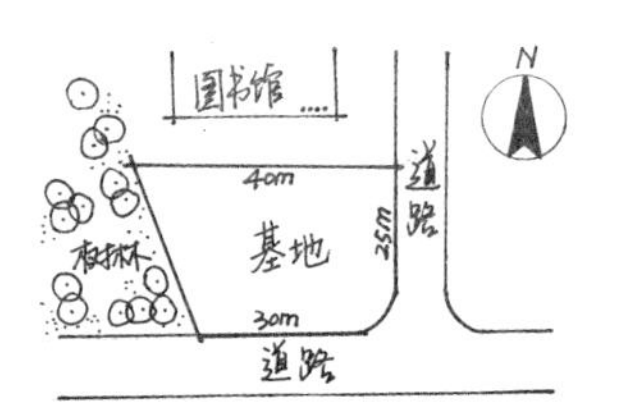

图 4—1

一、设计要求

建筑造型独特、立意新颖、功能合理、表达清晰。总建筑面积控制在 350m²（总面积上下可浮动 5%，各部分的面积分配可依据具体情况进行适度调配），建筑层数一二层均可，其有效高度不大于 9m。

室内空间功能组成部分：

1. 展厅：180m²（包括门厅及交通面积）
2. 办公室：15 ~ 25m²
3. 研讨（报告厅）：40m²
4. 储藏室：30m² 以上，设计者自定
5. 咖啡厅：10m² 以上
6. 男女卫生间各一：共 15m²
7. 其他必要的附属空间

室外布置：

充分利用基地内空地布置庭院，且与室内活动相呼应（不必考虑停车场）。

二、图纸规格：两至三张二号图纸

三、图纸要求

1. 总平面与首层平面图一体绘制（比例 1 ：150）
2. 二层平面图（比例 1 ：150）
3. 建筑立面图（比例 1 ：100）
4. 建筑剖面图（比例 1 ：100）
5. 建筑效果图、室内效果图各一张
6. 标注尺寸并书写必要文字
7. 设计构思图解以及创意说明

注：尺规墨线作图或徒手草图。

实例 1　现代艺术画廊设计

题　　目　现代艺术画廊设计（图 4—2、图 4—3）
作　　者　潘洁
表现方法　针管笔 + 马克笔 + 彩色铅笔
用　　纸　绘图纸
图纸尺寸　594mm × 420mm
用　　时　8 小时

点评

设计　该建筑造型构思独特，较有创意。外形采用近似于船的造型，暗喻“起帆远航”，激发学生的学习兴趣。建筑外立面材质以木材为主，表达了设计者亲近自然的初衷，使得建筑能够与周围环境融为一体。但内部空间的转换与细部处理较为粗糙，仍需进一步完善与丰富。

表现　图面清晰整洁，线条流畅写意，色彩淡雅协调，各方面表达丰富生动，体现了作者扎实的表现功力和良好的艺术修养。美中不足的是剖面图的绘制不够严谨。另外，由于图幅稍大，构图略显松散。

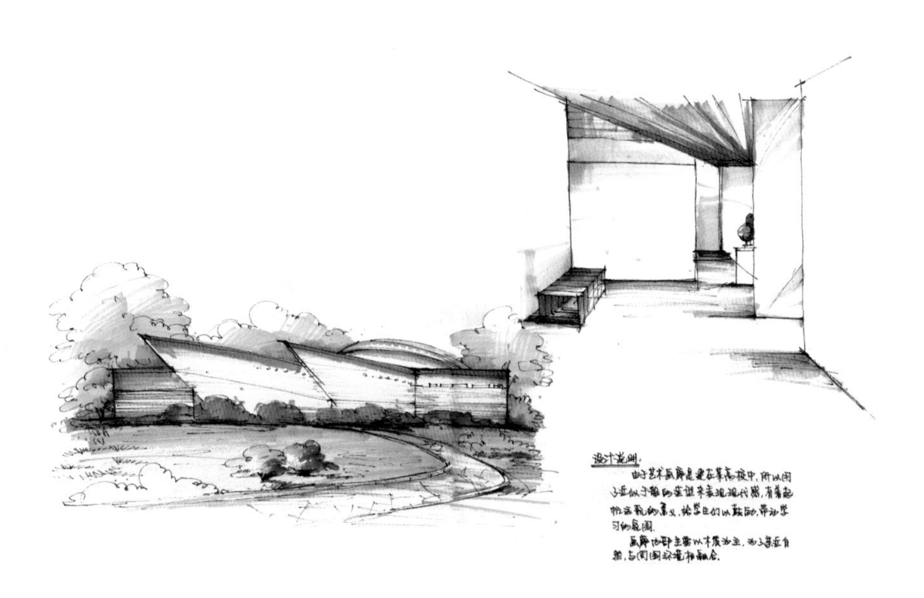

图 4—2

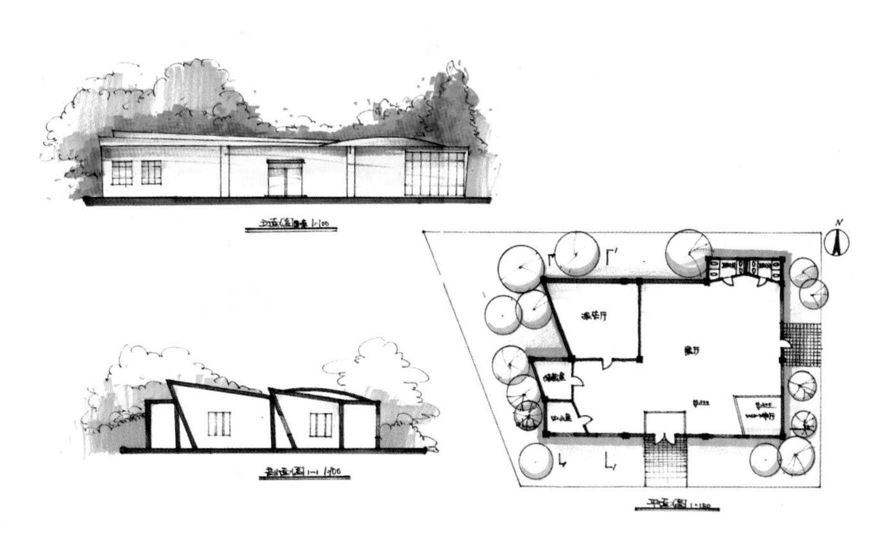

图 4—3

实例 2 现代艺术画廊设计

题　　目　现代艺术画廊设计（图 4—4）
作　　者　李袁
表现方法　针管笔 + 马克笔 + 彩色铅笔
用　　纸　绘图纸
图纸尺寸　594mm × 420mm
用　　时　8 小时

点评

设计　该建筑的设计较有创意，手法现代。设计将树枝的形态进行了抽象和处理，并将其融入到建筑外立面的设计中，隐喻画廊的勃勃生机。室内展厅之中的造景树与主题呼应体现了设计的完整性。建筑的入口长廊设计较独特，与周围的植物一体，使室内和室外空间的过渡较为自然。需要注意的是，在室内设计中各个功能分区的面积配比不够合理，展厅面积稍小。另外，在垂直交通空间的设计上考虑不够细致，应多加推敲。

表现　版式构图充实均衡，图面色彩搭配协调，线条肯定精准，着色潇洒、快速洗练，效果图的表现较出色。但平面、立面、剖面作图不够严谨。另需注意平面图中必须标示建筑的采光形式。

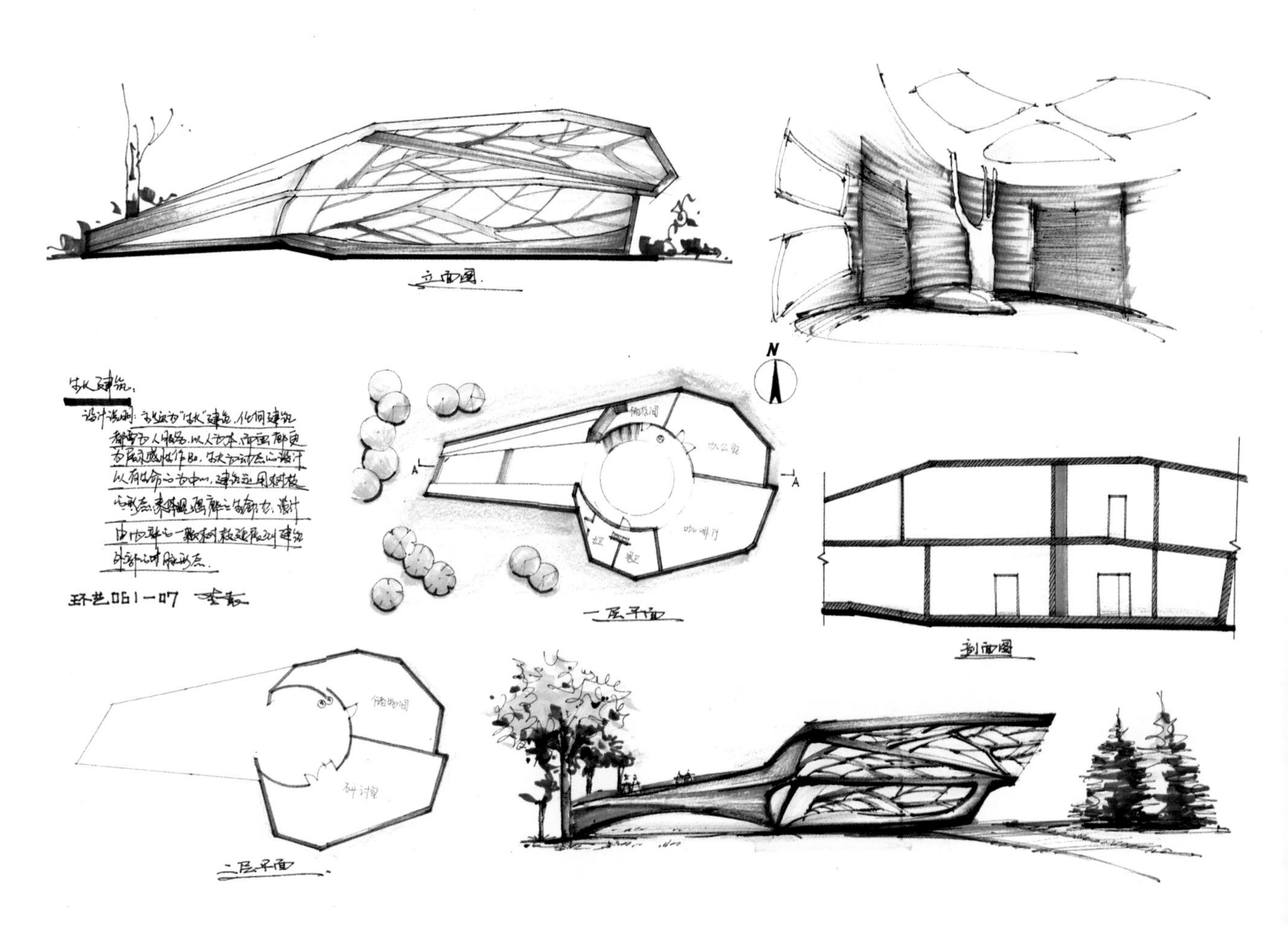

图 4—4

实例 3 现代艺术画廊设计

题　　目 现代艺术画廊设计（图 4—5、图 4—6）

作　　者 苏庚

表现方法 针管笔 + 马克笔 + 彩色铅笔

用　　纸 绘图纸

图纸尺寸 594mm × 420mm

用　　时 8 小时

点评

设计　设计的创意构思较独特，以“火焰”的形态为装饰母题，贯穿平面形态以及立面装饰。火焰象征激情，代表了积极向上的精神。同时，建筑的门和窗构思巧妙，迎合了“火焰”的设计母题。另外，室外庭院的铺装造型与建筑外形相呼应，增强了设计的整体感。值得注意的是卫生间应设置采光口，使室内得到良好的通风。

表现　徒手线条果断娴熟，颜色搭配大胆，画面响亮，建筑效果图和正门效果图的绘制较为出色。但咖啡厅效果图的透视不够准确，地面和天花上色也略显繁乱。

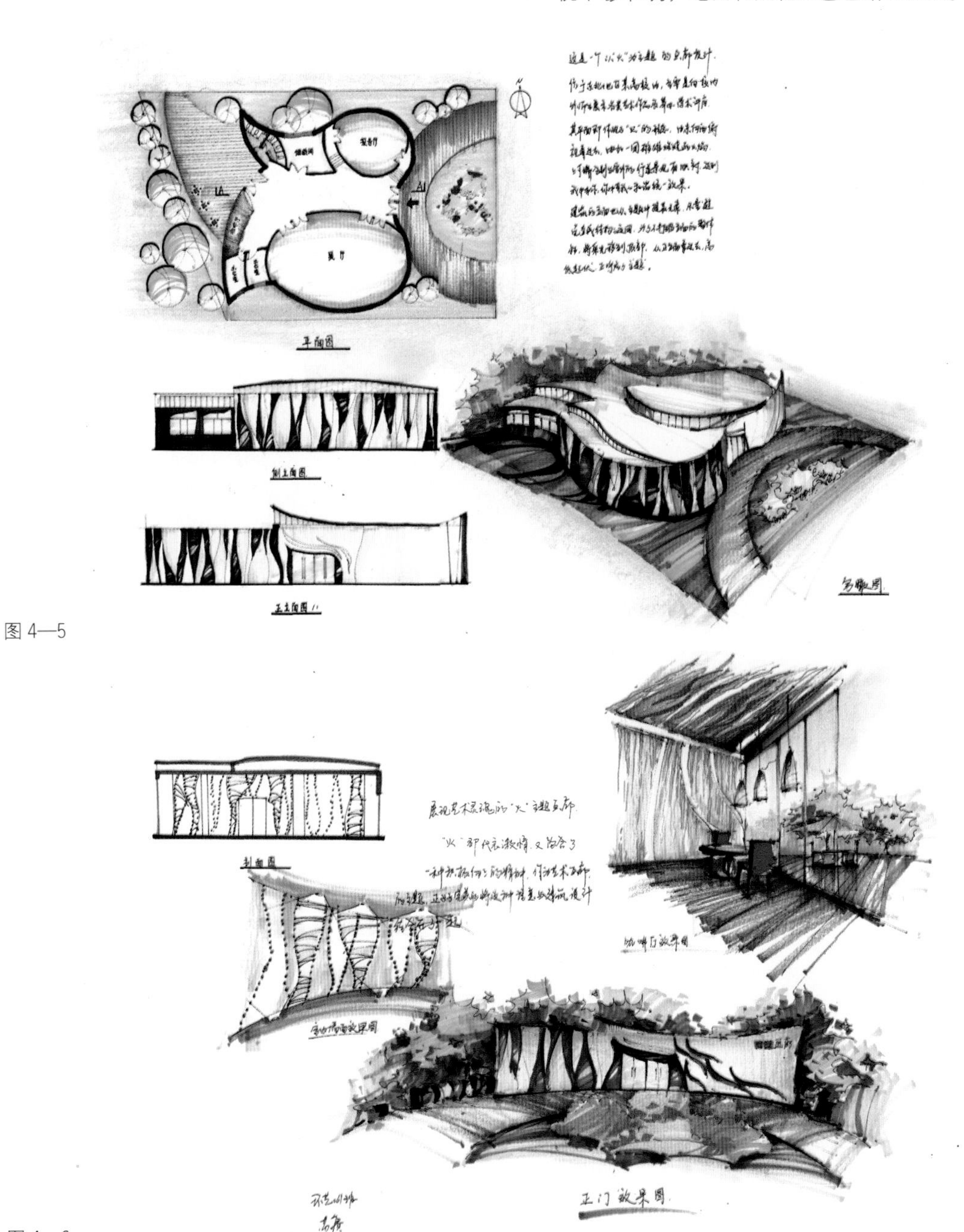

图 4—5

图 4—6

实例 4　现代艺术画廊设计

题　　目　现代艺术画廊设计（图 4—7、图 4—8）
作　　者　安娜
表现方法　针管笔 + 马克笔 + 彩色铅笔
用　　纸　绘图纸
图纸尺寸　594mm×420mm
用　　时　8 小时

点评

设计　该建筑造型为现代几何形体，暗喻艺术画卷，构思独特，切合主题。庭院设计较为创新，庭院以树为中心，配合大面积的玻璃幕墙，使室内和室外空间自然地融为一体。不足之处是平面布局中，主入口的设置欠缺推敲。

表现　版面构图比较均衡，图面清晰整洁，透视准确，结构严谨，线条活泼、流畅，用色协调，但是版面一与版面二的关联性与呼应性较欠缺。另外，平面图与效果图的局部不相符合。

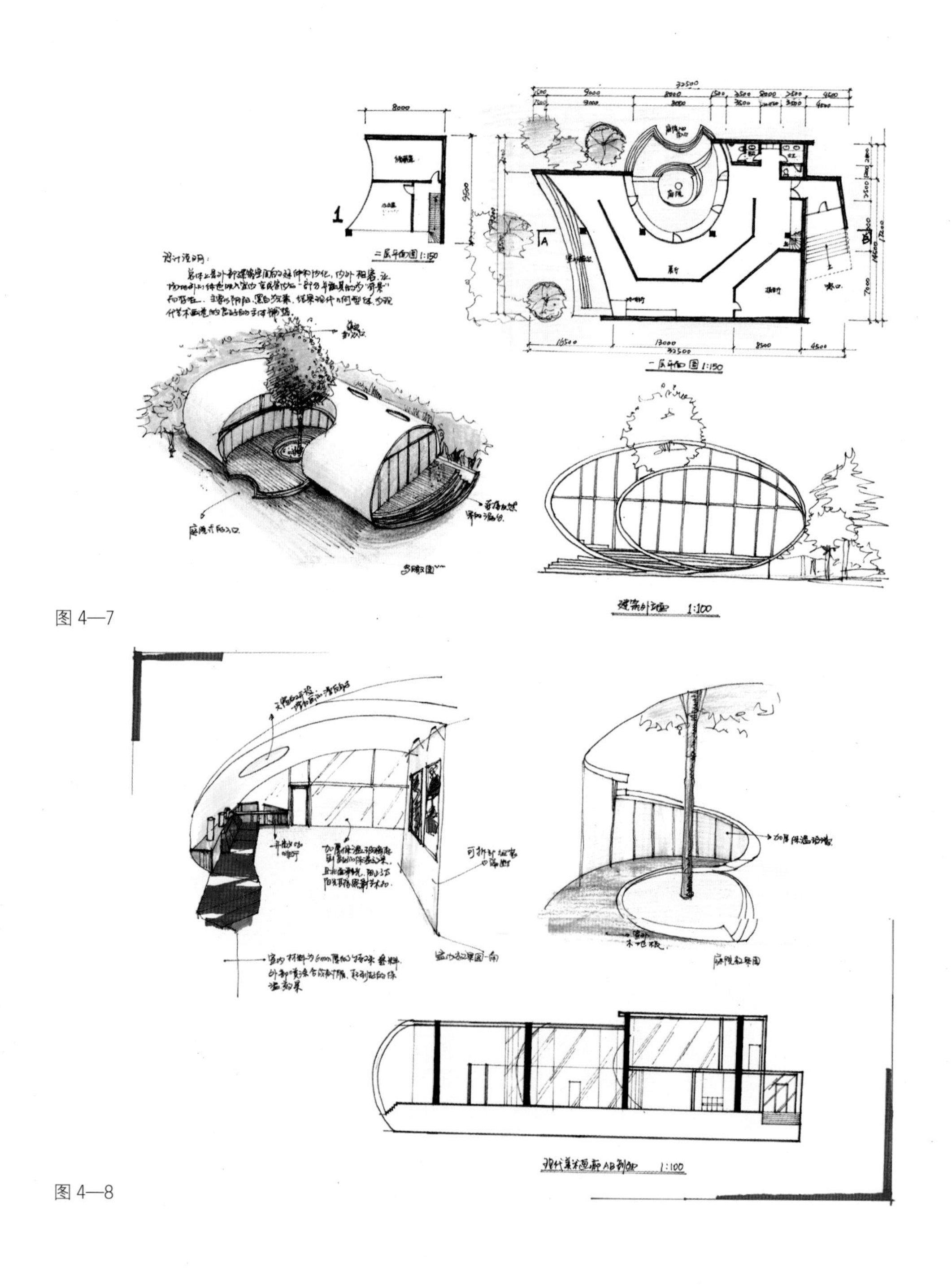

图 4—7

图 4—8

实例 5 现代艺术画廊设计

题　　目　现代艺术画廊设计（图 4—9、图 4—10）
作　　者　纪姝
表现方法　针管笔 + 马克笔 + 彩色铅笔
用　　纸　绘图纸
图纸尺寸　594mm × 420mm
用　　时　8 小时

点评

设计　该建筑设计切合题意，充分利用基地条件，建筑造型提取了风帆的设计元素，富有现代感。在室内空间的功能划分上，休息区与咖啡厅的设置稍显重复，平面布局也稍欠推敲，出现了几处剩余空间。楼梯的绘制有误，旋转楼梯的设置美观不实用。二楼的走廊稍显多余。

表现　构图均衡，图面清晰整洁，透视准确，结构严谨，颜色搭配色彩明快，图面的表达效果醒目奔放。

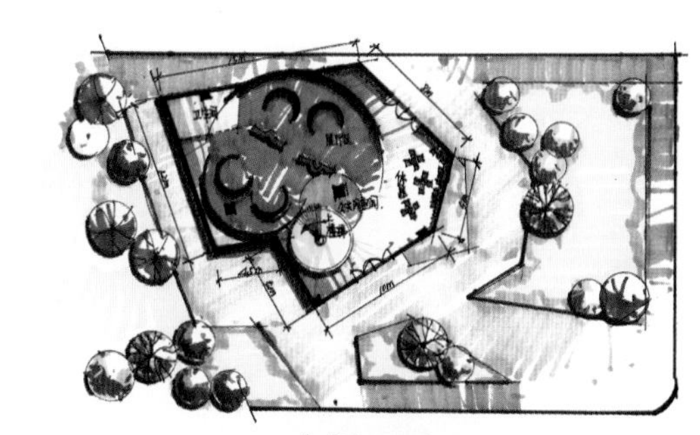

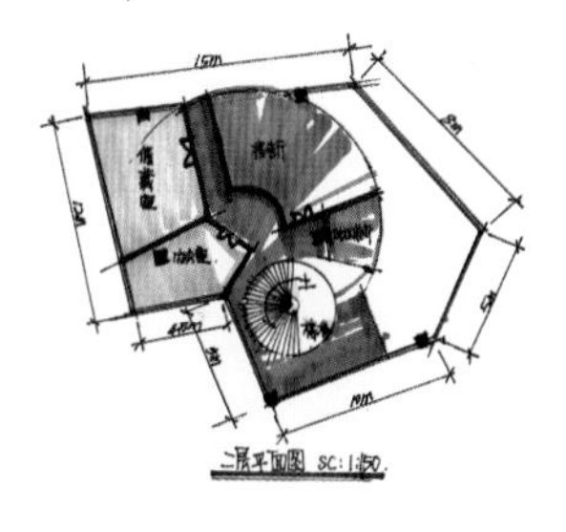

图 4—9

图 4—10

二、美术馆建筑设计

实例 6 美术馆建筑设计

题　　目　美术馆建筑设计（图 4-11、图 4-12）
作　　者　孙琳琳
表现方法　针管笔 + 马克笔 + 彩色铅笔
用　　纸　白卡纸
图纸尺寸　594mm × 420mm
用　　时　8 小时

点评

设计　该美术馆外形采用了圆柱体与方体的穿插组合，造型独特。平面功能分区简洁明了，建筑立面虚实相生，层次分明。但是作为美术馆建筑有其特殊的功能要求，那就是应该为观者提供一个完整流畅的观览路线，而此设计对于展厅出入口的设计考虑欠佳，有待进一步深化。

表现　POP 标题绘制醒目生动，各图面用线流畅娴熟，用色概括洗练，表达方法简洁明快，空间感较强。建议在各图面中适当增加天空、人物、植物等配景，一方面，可以丰富图面效果，另一方面，可以弥补构图的不足。另在施工图绘制过程中，尺寸标注应遵循制图规范的要求。

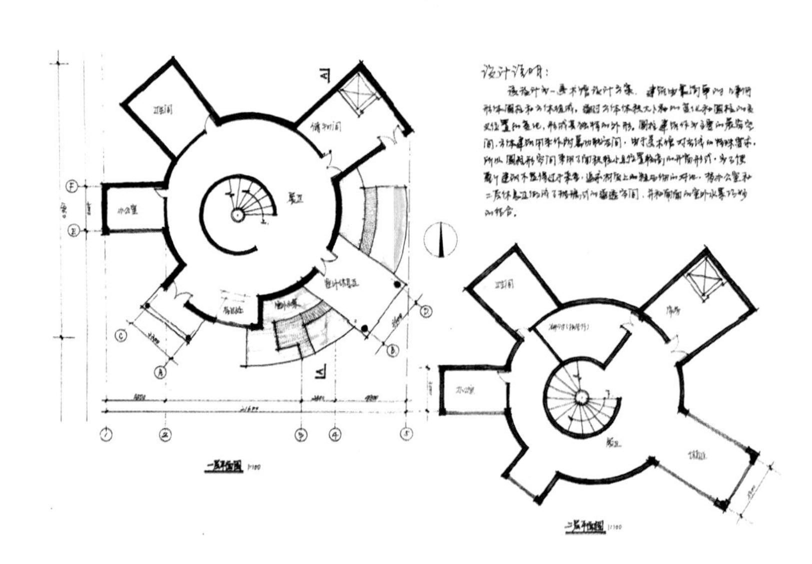

图 4—11

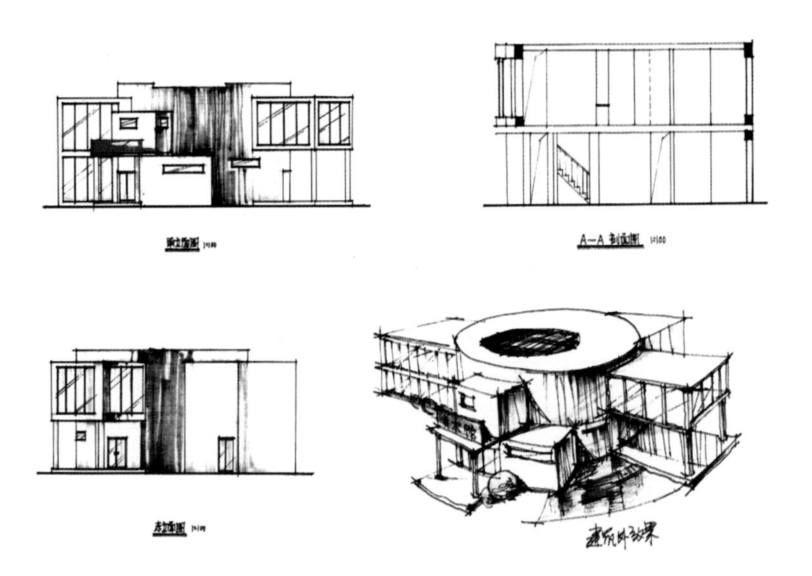

图 4—12

实例 7 美术馆建筑设计

题　　目 美术馆设计（图 4—13、图 4—14）
作　　者 杨阳
表现方法 针管笔 + 马克笔 + 彩色铅笔
用　　纸 白卡纸
图纸尺寸 594mm × 420mm
用　　时 8 小时

点评

设计　该美术馆设计外观简洁大方，平面布局单纯合理，观览路线流畅明确。建筑的入口处以“一本打开的书”为创意的灵感来源，将美术馆隐喻为艺术知识的殿堂，构思巧妙，寓意深远。并且，设计者在构思过程中考虑了环境的因素，植物的搭配错落有致，色彩和谐。体现了设计者较强的整体驾驭能力。

表现　版面构图上重下轻，略失稳定，若将平面图和效果图等面积较大的图形置于图纸下方，则会改善版面的布局。线条流畅活泼，色彩搭配得当，设计内容表现完整，但是效果图中汽车等配景的透视不够准确。

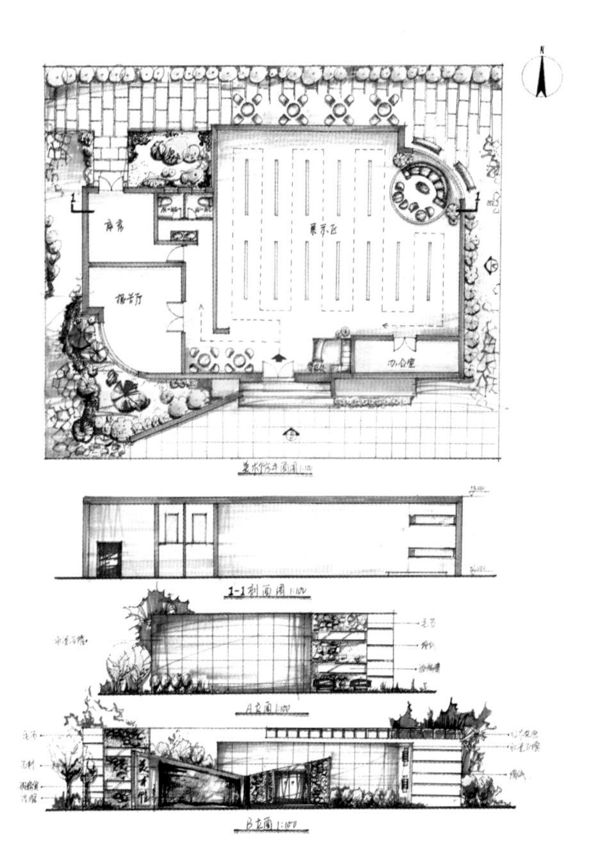

图 4—13

图 4—14

第二节
景观设计类

一、滨海公园景观设计
二、庭院景观设计
三、商务办公区景观设计
四、城市休闲绿地景观设计

这一节是景观设计类快速设计作品的点评，其中包括滨海公园、庭院、商务办公区、城市休闲绿地等的题型，希望能给设计者提供生动的实用性指导。

一、滨海公园景观设计

设计任务书

北方某滨海城市在市青少年活动中心前，城市规划预留三角绿化用地，辟为街头休息性小公园（面积约 1200m^2），考虑到小公园附近人流集散较多，科技文化活动气氛较浓，沿海视野开阔，确定小型雕塑（基座 3m×3m）设在小公园内，要求能与其他园林要素配合成为街道主景。

园内可设少量园林服务性建筑，如音乐茶座、小卖部、亭、适合青少年观赏的科普长廊等。

根据以上基本要求完成下列图纸：

1. 小公园总体方案平面图（比例 1 ：200）。
2. 小公园局部效果图至少两个。
3. 小公园简要设计说明。
4. 表现形式：手绘，白色绘图纸。
5. 图纸规格：一张 A2（594mm x 420mm）。

基地图如下（图 4—15）：

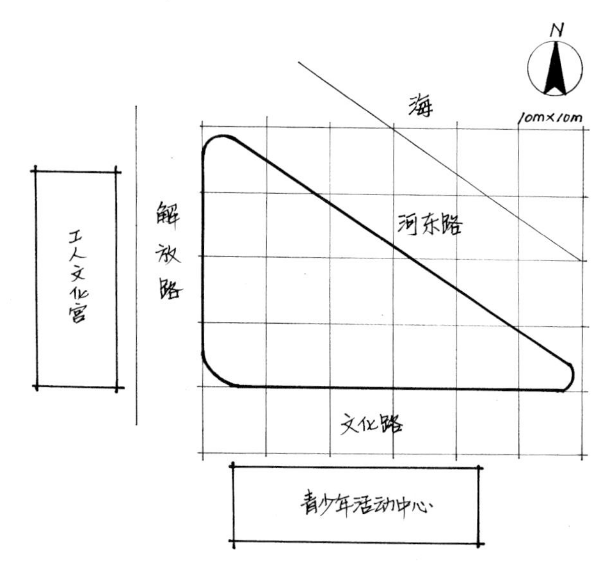

图 4—15

实例 8 滨海公园景观设计

题　　目　滨海公园景观设计（图 4—16）
作　　者　苏庚
表现方法　针管笔 + 马克笔 + 彩色铅笔
用　　纸　绘图纸
图纸尺寸　594mm × 420mm
用　　时　4 小时

点评

设计　该地块的定位为青少年休闲广场，内设科普长廊、休闲凉亭和主题雕塑等，很好地满足了青少年休闲广场的功能需求。在植物配置方面，为了提供一个开阔的视野，设计者将高大的植物种植在广场的中心位置，使得北部地区有充分的观海休闲场地，充分发挥了基地临海的地域优势。另在公园转角处种植低矮模纹，既美化环境又保证了公园转角处交通的顺畅。

表现　平面图与效果图的表现都比较精彩，色彩协调，线条娴熟。体现了设计者对马克笔一定的驾驭能力。但值得注意的是平面图中应有相应的文字标注。另外，在构图上略显拥挤，若将直角三角形的平面图放置在图面边缘的位置，画面将会显得更加均衡。

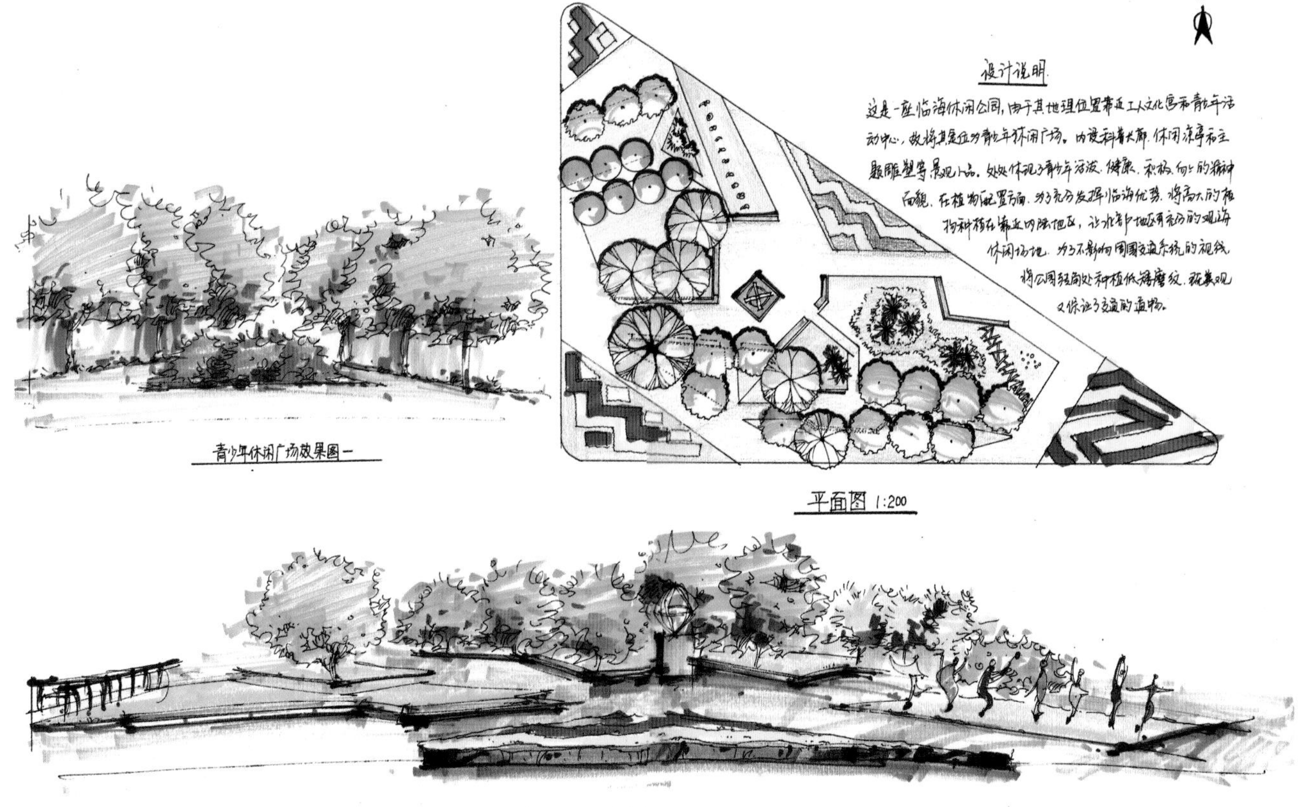

图 4—16

实例 9　滨海公园景观设计

题　　目　滨海公园景观设计（图 4—17）

作　　者　安娜

表现方法　针管笔 + 马克笔 + 彩色铅笔

用　　纸　绘图纸

图纸尺寸　594mm × 420mm

用　　时　4 小时

点评

设计　该设计针对其休息性公园的性质，采用了强烈对比的形式，为相对单调的都市生活增添了一道自由轻松的风景。多层次植物与休息廊对场地的围合，观景亭、铺地与树冠对场地的限定，营造出了能满足多种休闲活动的场所。但设计的功能性不强，细节处理不够到位，如场地中的张拉膜结构相对孤立，缺乏与周围景物的联系。

表现　该快速设计速度感较强，其平面表达线条及色彩均较熟练，细部与植物配置的交代也较充分。但是在效果图的表现上缺乏立体感和空间感，对于场所氛围的营造以及渲染略显欠缺。

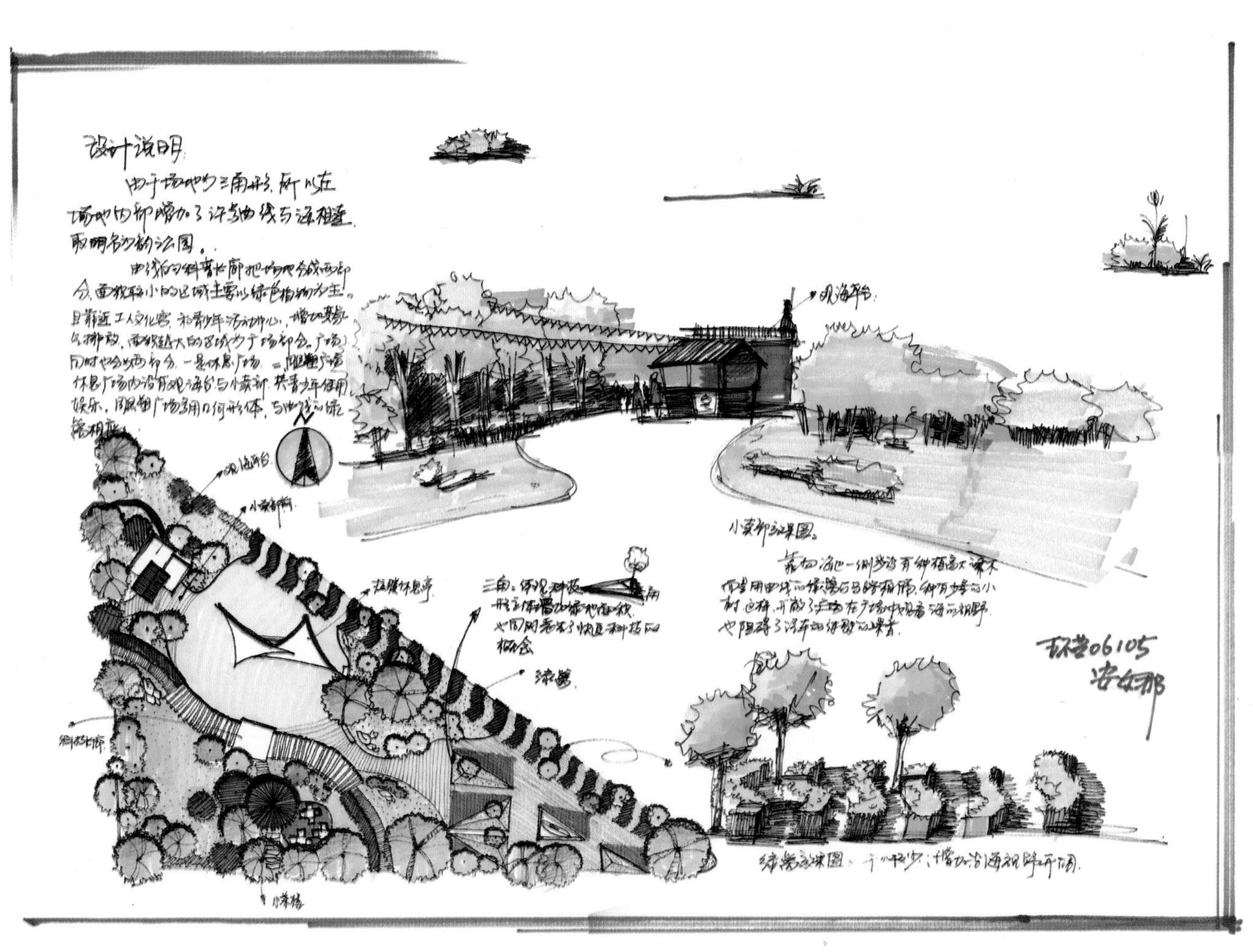

图 4—17

二、庭院景观设计

设计任务书

一、设计要求

以古诗词“风回小院庭芜绿，柳眼春相续。凭阑半日独无言，依旧竹声新月似当年”为设计出发点，营造诗意的景观环境，场地类型自定。要求设计新颖，功能安排合理。

时间 8 小时。

二、图纸要求

平面图一张（比例自定）；

立面图两张（比例自定）；

透视效果图两张，表现手法不限；

附简要设计说明。

实例 10 庭院景观设计

题　　目　庭院景观设计（图 4—18、图 4—19）

作　　者　李磊

表现方法　针管笔 + 马克笔 + 彩色铅笔

用　　纸　白卡纸

图纸尺寸　594mm × 420mm

用　　时　8 小时

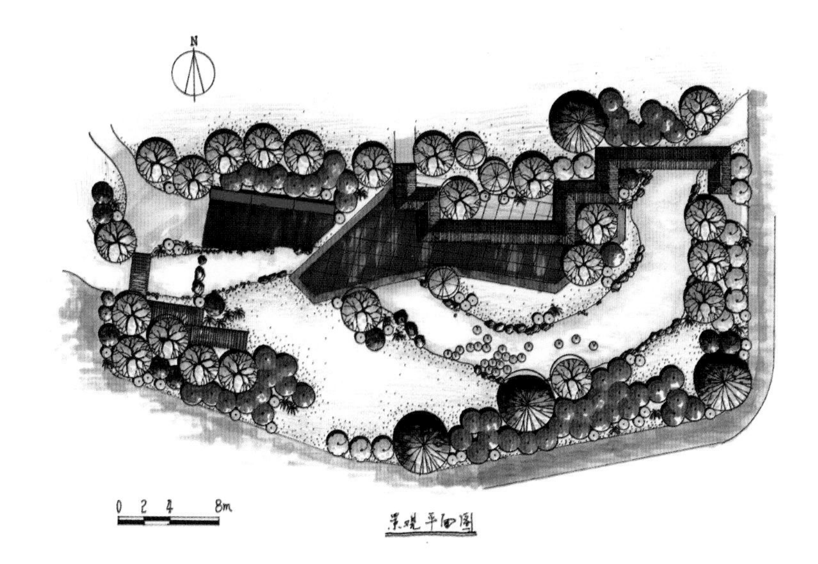

图 4—18

点评

设计　该方案在了解场地基质和周围环境的基础上，对场地进行了较为合理的规划。对视线的综合考量和对游览路线的详细设计给游人带来步移景异之感。设计者有意识地利用孤植、群植等多种种植手法使空间环境更加生动丰富。漫步其中，柳叶纷飞，春风拂面，诗情画意，尽在其中。

表现　构图完整，透视准确，设计意图表达清晰，营造出了较好的空间氛围。体现了设计者较强的空间把握能力。但在手绘表现上稍显拘谨，建议线条可适度轻松。

图 4—19

三、商务办公区景观设计

设计任务书

一、设计要求

以图示地块为设计对象，所给地块的北侧和西侧为商务办公区的高层建筑，南侧和东侧为城市道路，在此地块内做景观设计，为办公人员提供一处休息、交流、交往并可观赏、游玩的场所。要求功能安排合理，空间组织灵活，形式手法多样，材料运用得当。

时间8小时。

二、图纸要求

平面图一张（比例自定）；

剖立面图两张（比例自定）；

透视效果图两张，表现手法不限；

附简要设计说明。

实例11 商务办公区景观设计

题　　目　商务办公区景观设计（图4—20）

作　　者　孙琳琳

表现方法　针管笔＋马克笔＋彩色铅笔

用　　纸　绘图纸

图纸尺寸　594mm×420mm

用　　时　8小时

点评

设计　该景观设计布局合理，疏密得当，营造了轻松惬意的空间氛围，不仅能较好地满足人们休息、放松的生理和心理需求，而且也较好地满足了商务空间的审美需求，显示出设计者有着比较扎实的设计功底。建议设计者以文化立意，从而增强设计的文化内涵，提高设计的层次和品位。

表现　版面构图紧凑，线条流畅活泼，色彩搭配协调，美中不足的是平面图中欠缺植物图例，在植物的落影方向的绘制上，平面立面未能达成一致，标注样式及标准仍需研究。

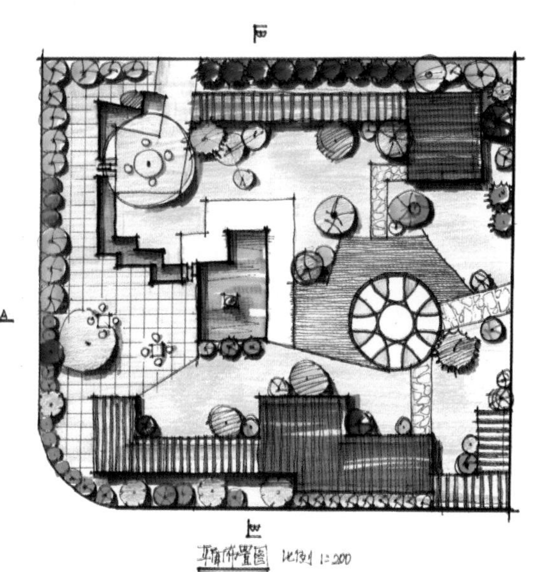

图4—20

四、城市休闲绿地景观设计

设计任务书

一、设计要求

以图示地块为设计对象，设计一处城市广场。要求设计新颖，功能合理，趣味性强，充分满足人们的各种心理需求。

时间 3 小时。

二、图纸要求

平面图一张（比例自定）；

立面图一张（比例自定）；

效果图两张，表现手法不限；

以图示、图解方式说明设计意图，并附简要设计说明。

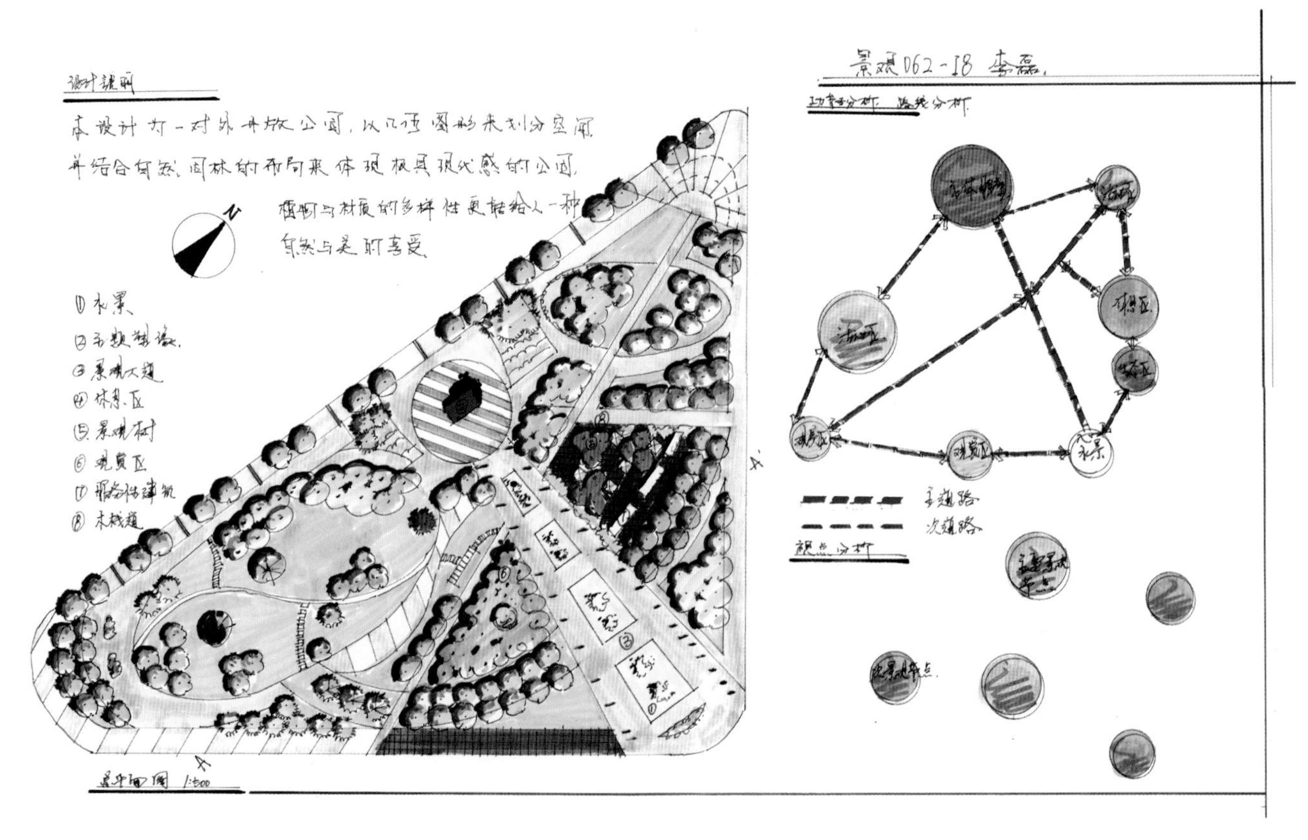

图 4—21

实例 12　城市广场景观设计

题　　目　城市广场景观设计（图 4—21、图 4—22）
作　　者　李磊
表现方法　针管笔 + 马克笔 + 彩色铅笔
用　　纸　绘图纸
图纸尺寸　594mm × 420mm
用　　时　3 小时

点评

设计　作为 3 小时的快速设计，构图较为完整，设计合理。以几何形体来划分空间，并结合古典园林的内涵来体现极具现代感的景观空间，手法新颖、创意独特。另外，植物与材质的多样性也为场地的润色起到了积极的作用。

表现　图面完整，分析到位，颜色搭配活泼，设计意图表达清晰。技法上，马克笔与彩铅的过渡较为自然，营造出了较好的空间氛围，不失为一幅比较优秀的快速设计作品。

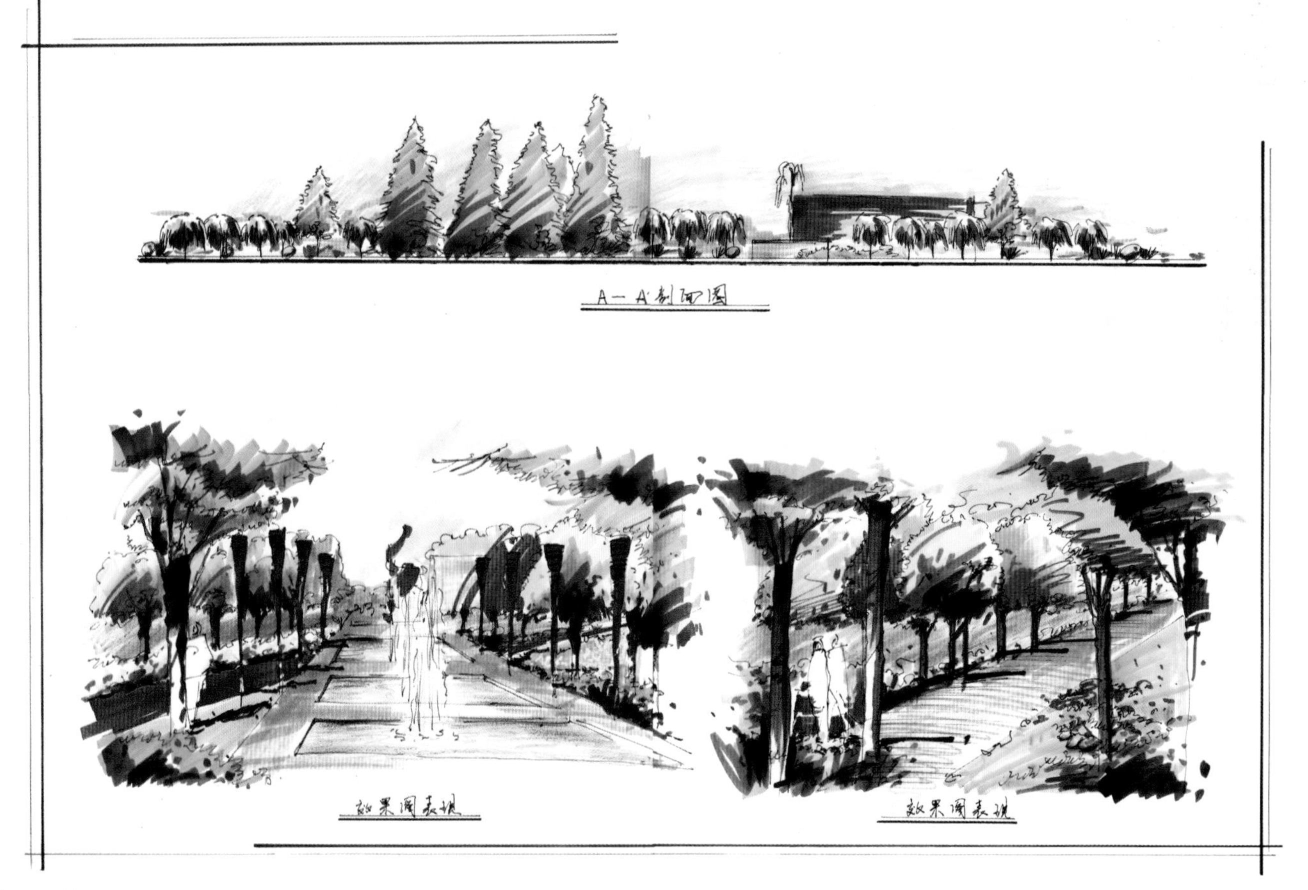

图 4—22

第三节
室内设计类

本节是室内设计类快速设计的实践部分，我们提供了大量的室内设计类快速设计题型，附有具体的设计任务书和大量的设计作品供读者参考，并对作品进行设计与表现方面的点评，希望读者在设计实践中汲取经验、扬长避短。

一、画廊

设计任务书

此画廊位于一幢旧建筑内之一层，南面临街，北、西两面临内走廊（亦可开门），原建筑为废旧仓库，层高 4.2m，建于 20 世纪 30 年代。

一、设计要求

1. 处理好现代画廊与工业遗产建筑的关系；
2. 在室内做夹层处理，楼梯位置及尺度自定；
3. 二层夹层设置会议、办公等功用；
4. 主材采用钢、木。

二、图纸要求

1. 平面图一幅（比例 1 ： 100）；
2. 主要立面图一幅（比例 1 ： 50）；
3. 效果图两幅（室内的两个角度）；
4. 全部绘制在一张 A2 幅面的不透明纸上，表现方法不限；
5. 完成所有成果时间为 4 小时。

平面图如下（图 4—23）：

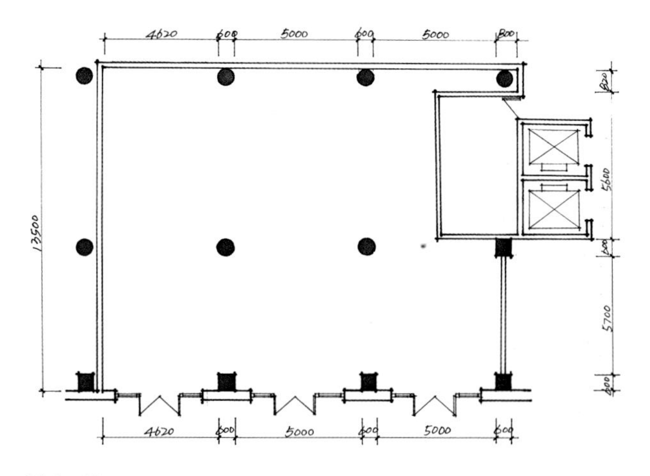

图 4—23

实例 13 画廊室内设计

题　　目 画廊室内设计（图 4—24）
作　　者 潘洁
表现方法 针管笔 + 马克笔 + 彩色铅笔
用　　纸 绘图纸
图纸尺寸 594mm × 420mm
用　　时 4 小时

点评

设计　作为 4 小时快速设计来说，该设计较为完整。画廊以木结构为主，用古旧的灯具作为装饰，天花保留原有的工厂布置，与座椅、灯具等形成呼应，充分传承了旧建筑的历史沿脉。平面布局较为合理，木质展台和展墙形成空间的主体，夹层的位置安排尚可。方案中美中不足的是出入口的数量过多，不便管理。另外，在该项室内设计中，应尽量考虑使用任务书中所要求的材料，如钢材。

表现　排版构图匀称，整体效果突出，各图面表现精彩到位，用笔潇洒利落，张弛有度。

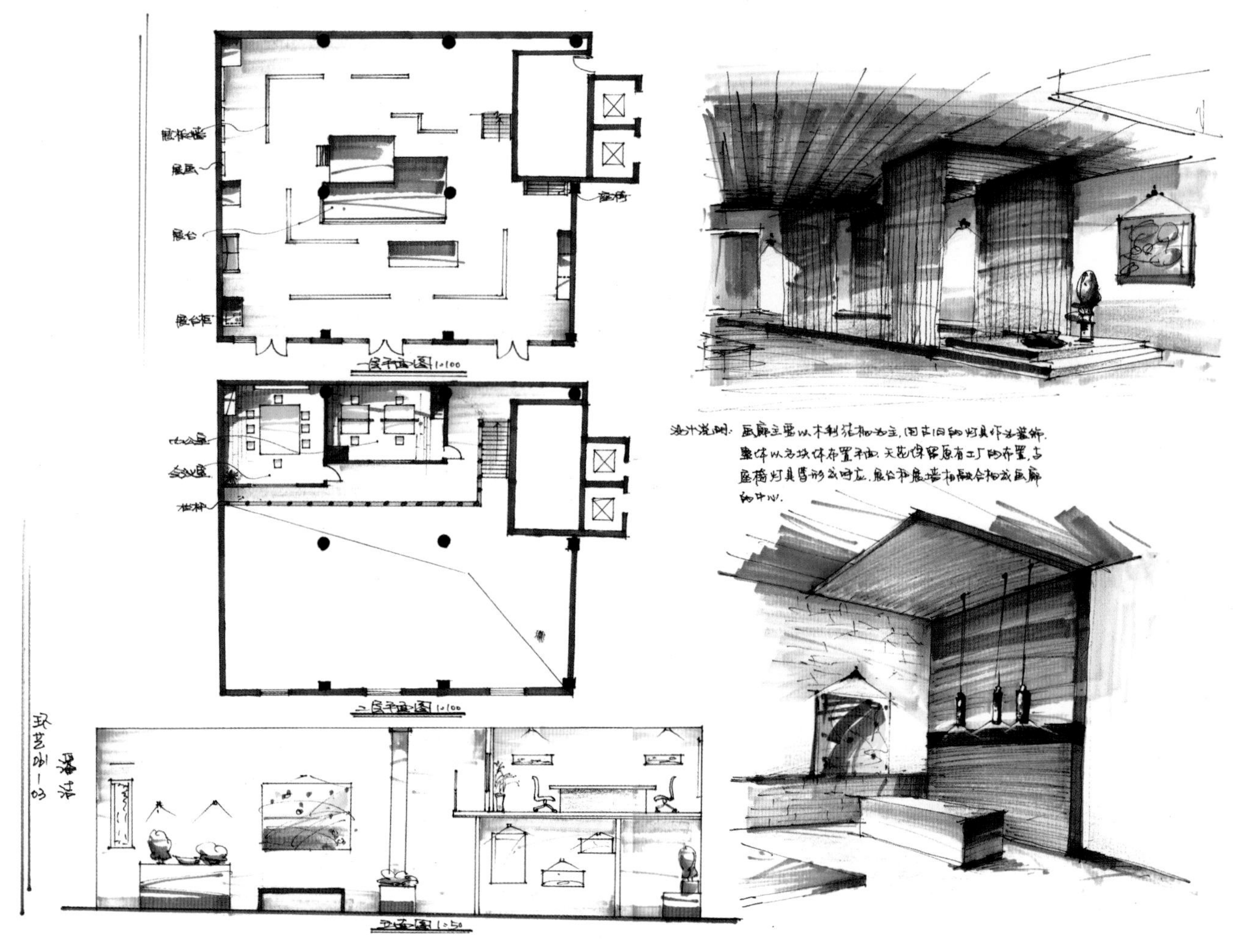

图 4—24

实例 14　画廊室内设计

题　　目　画廊室内设计（图 4—25）
作　　者　朱培培
表现方法　针管笔 + 马克笔 + 彩色铅笔
用　　纸　绘图纸
图纸尺寸　594mm × 420mm
用　　时　4 小时

点评

设计　此画廊室内设计新颖，墙面的展板由三角形等几何形体的穿插组合而成，天花和地面也采用了折线造型，在空间中处处体现了几何之美，形成了一种别样的画廊空间。建议在入口处设置一处小服务台，以便观众在这里领取展览的资料，获取关于展览的各种信息等。

表现　版面构图紧凑均衡，标题设计考究，切合题意。徒手线条功底扎实，各种图面的表现都比较优秀，用色简明恰当，笔触大胆奔放，充分体现了旧建筑之美。

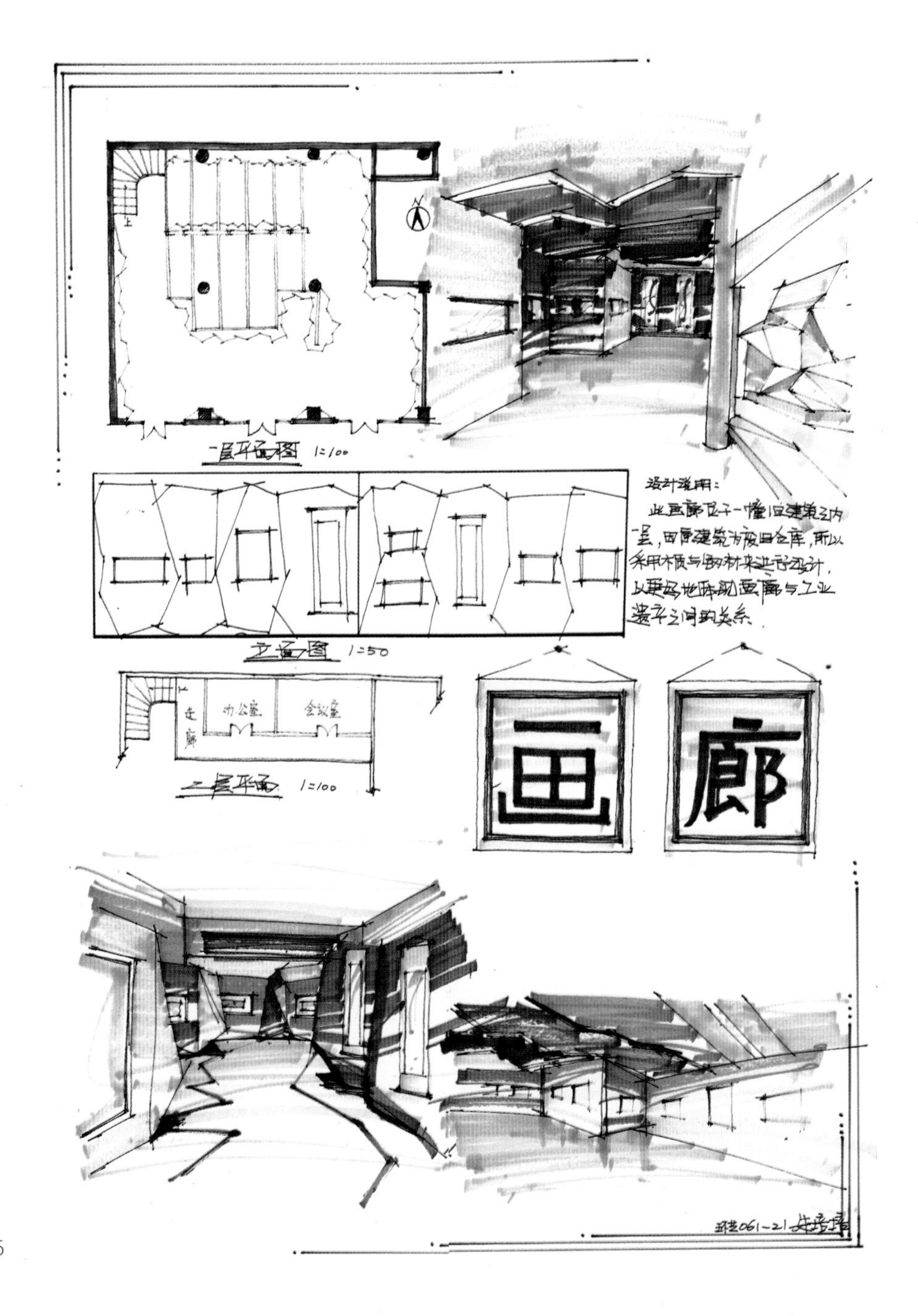

图 4—25

二、小小酒吧

一、设计要求：

在某临街公建$64m^2$的室内空间中，做一处风格独特的小酒吧。利用现有空间，保证酒吧的功能完备，以满足酒吧的营业之用。

二、图纸要求：

1. 平面图 （比例 1 ： 50）；
2. 天花图 （比例 1 ： 50）；
3. 立面图不少于两个（比例 1 ： 50）；
4. 透视图（不少于 1 个）彩色渲染，表现方法不限，图面尺寸不能小于 200mm×200mm；
5. 简要设计说明，字数 50 ~ 100 字；
6. 图纸规格及表达：两张白色 A2 绘图纸（594mm×420mm），墨线绘制，尺规、徒手表现均可。

平面图如下（图 4—26）：

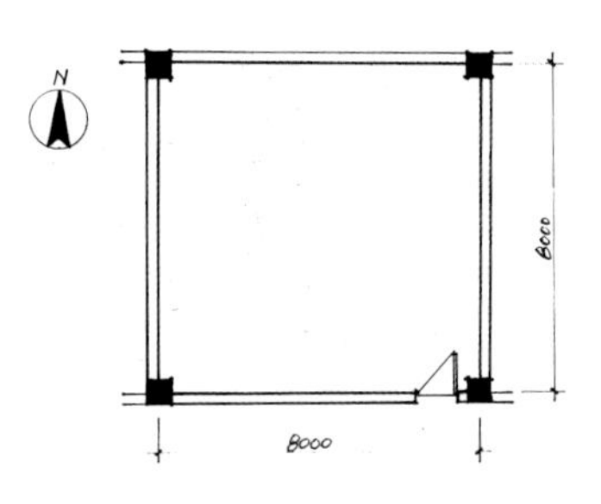

图 4—26

实例 15 小小酒吧室内设计

题　　目 小小酒吧室内设计（图 4—27、图 4—28）

作　　者 孙琳琳

表现方法 针管笔 + 马克笔 + 彩色铅笔

用　　纸 白卡纸

图纸尺寸 594mm×420mm

用　　时 8 小时

点评

设计 该酒吧设计平面布局较为合理。客席的布置形式丰富多样，既增添了空间的趣味性，又合理地划分了空间。新颖的家具设计，鲜亮的颜色搭配，处处营造了娱乐空间特有的欢快活跃气氛。

表现 马克笔表现技法较娴熟，线条表现动感流畅，徒手表现轻松潇洒。遗憾的是在图纸二版面设计上，图面显得空虚，不够饱满。建议书写标题文字，再配以家具和室内主要装饰的效果图或分析图，来弥补初期版式设计的不足。

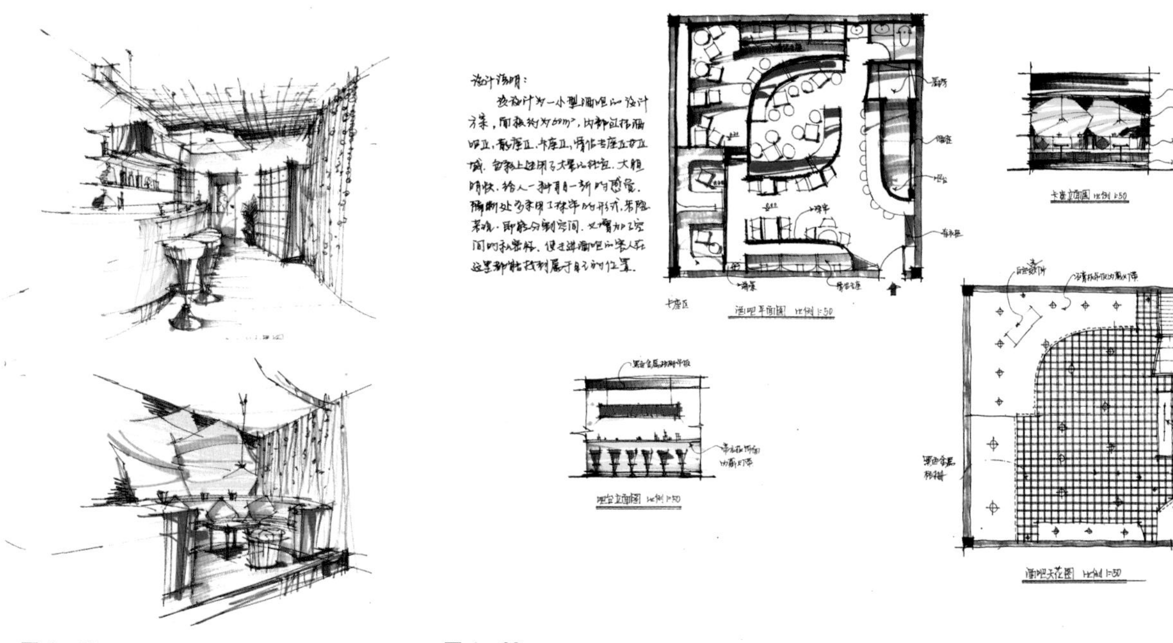

图 4—27　　图 4—28

实例 16　小小酒吧室内设计

题　　目　小小酒吧室内设计（图 4—29、图 4—30）
作　　者　杨阳
表现方法　针管笔 + 马克笔 + 彩色铅笔
用　　纸　白卡纸
图纸尺寸　594mm×420mm
用　　时　8 小时

点评

设计　该酒吧的创意比较新颖，将气泡作为主要的设计元素，以圆圈造型贯穿整个设计方案。平面布局较为合理，室内中心的圆形吧台加强了布局的向心性，主题鲜明。客席的平面布局富于变化，形式丰富，为客人提供了多种选择。

表现　图纸表达较为完整，所有图纸均施以彩色，取得了良好的画面视觉效果，但是版面一的构图上下失衡，若采用横向图纸设计版面，效果会有所改观。设计内容表现明确，线条轻快灵活。但是在立面图的表现上，未处理好背景和家具的图底关系。

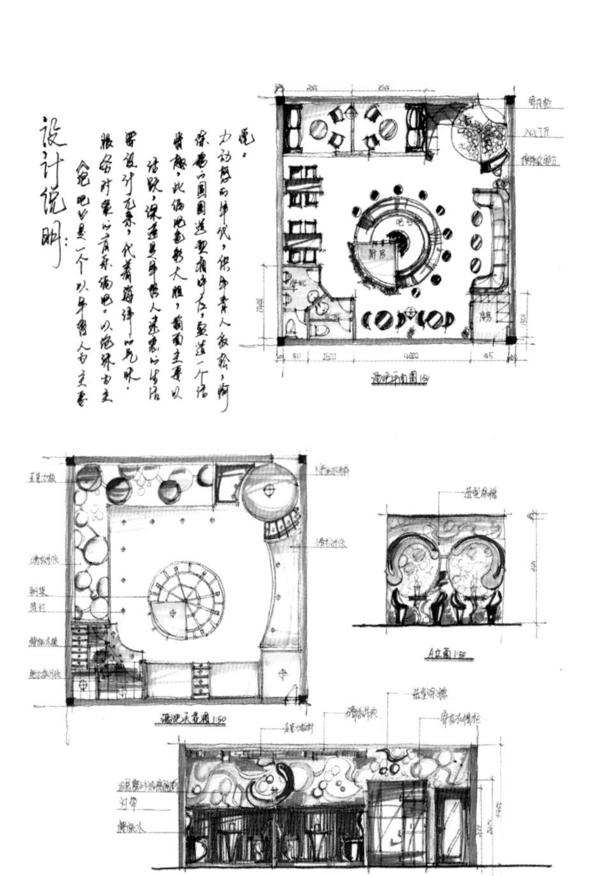
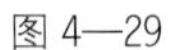

图 4—29

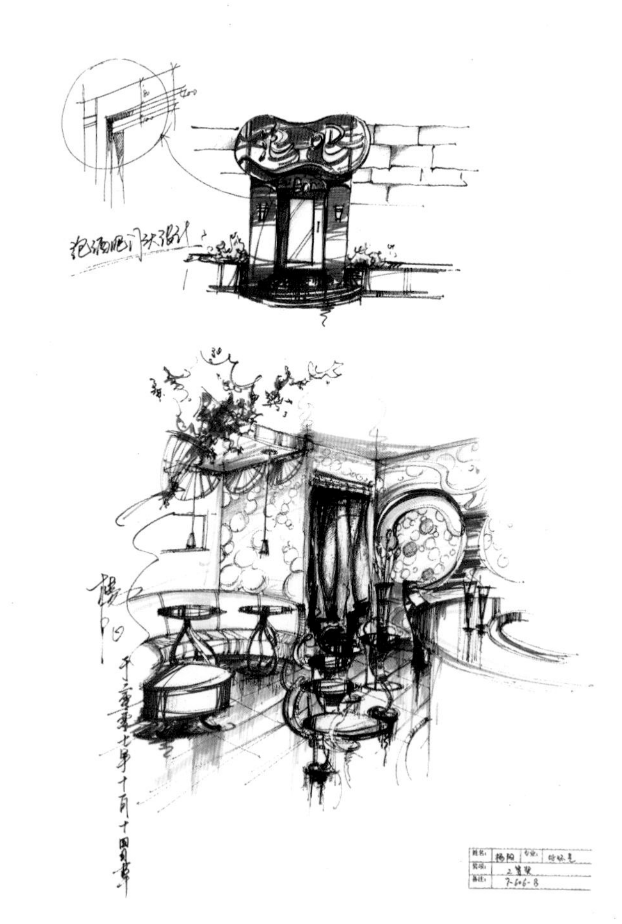

图 4—30

三、样板间

设计任务书

一、设计概况

该室内使用面积约为61㎡的某样板房空间。房间举架3000mm，窗下沿距地300mm，窗高2300mm。A窗下沿距地900mm，窗高1700mm。外墙厚度200mm。

建议将此空间设计为两室两厅户型，如可以设计为两间卧室或者一间卧室、一间书房，空间允许的情况下，可增设衣帽间。

二、设计要求

1. 对应形象客户群体：新婚置业人群、单身人群。
2. 室内应具备卧室、卫生间、厨房、餐厅、客厅和学习区等，位置自定。
3. 室内设计风格自定。
4. 强调样板房展示性的同时，兼顾其使用功能。
5. 强化该户型采光良好的优势。

三、图纸要求

1. 平面图、天花图各一张，比例为 1 ：50；立面图一张，比例为 1 ：25；
2. 效果图两张，其中一张为局部效果图。
3. 附 150 字以内的设计说明。

四、制图及图幅要求

图纸尺寸为 A2

可使用绘图纸

表现手法自定

五、附图

平面图如下（图 4—31）：

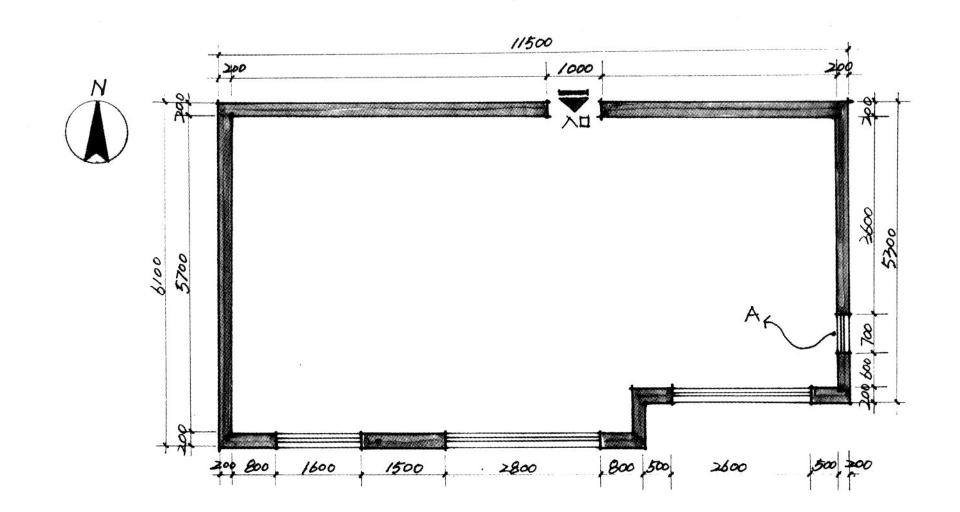

图 4—31

实例 17　样板间室内设计

题　　目　样板间室内设计（图 4—32）
作　　者　苏庚
表现方法　针管笔 + 马克笔 + 彩色铅笔
用　　纸　白卡纸
图纸尺寸　594mm×420mm
用　　时　8 小时

点评

设计　该样板间的设计主题为“飘”，是为现代都市的年轻“飘”一族打造的居室空间，构思较独特。空间采用流线布局，开敞通透，布局合理，室内家具处处体现了人体工程学的近身设计，若浴缸也设计为弧线造型则更能体现方案的统一性。室内以花瓣元素为装饰母体，贯穿于平面、立面和天花之中，体现了方案设计的完整性。

表现　图纸表达较为完整，构图紧凑。图面的绘制清新明快，线条流畅到位，标题的设计活泼而点题，与室内设计风格融为一体，体现了作者扎实的表现功底和艺术修养。美中不足的是天花图中缺少对门窗洞口位置的标示。

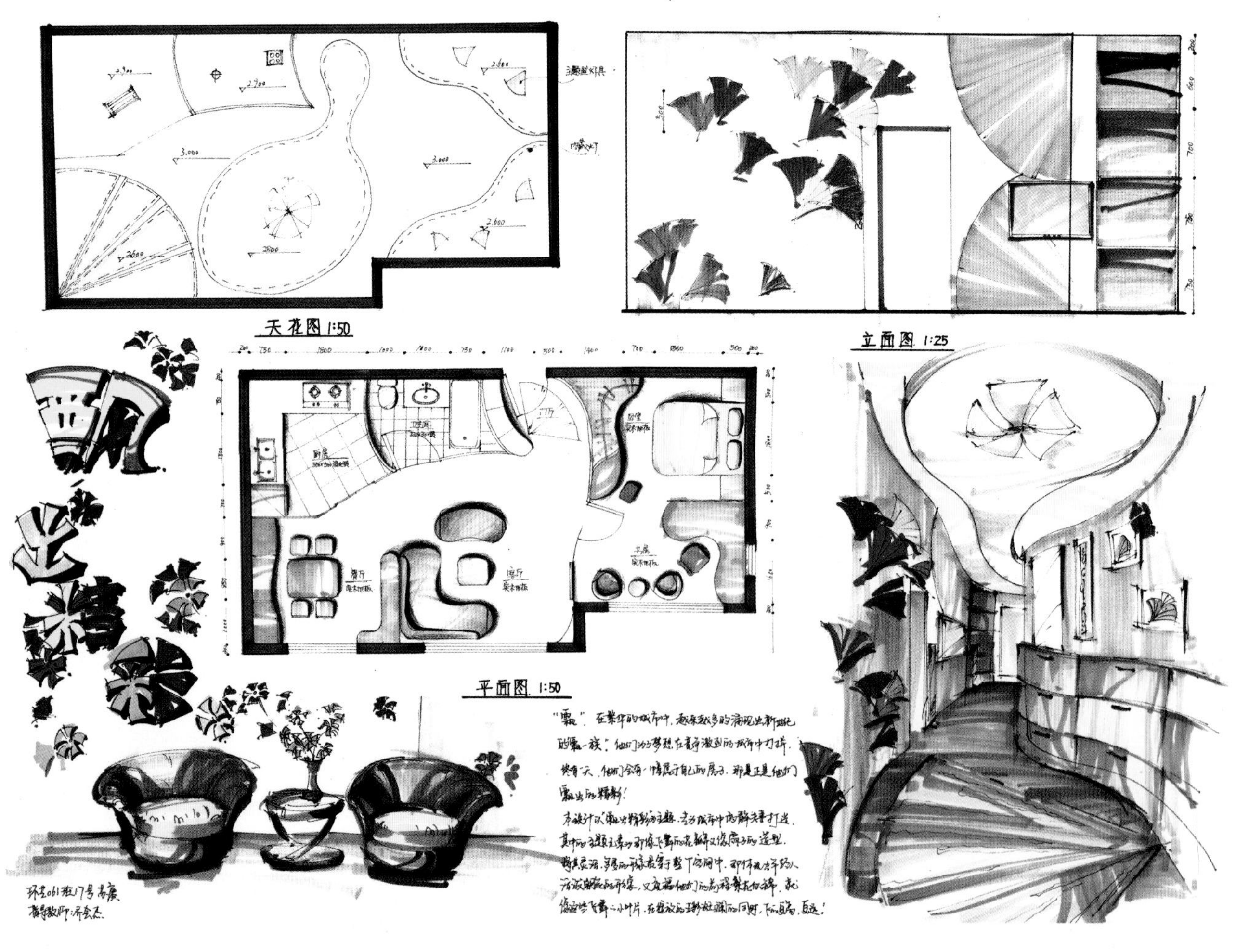

图 4—32

实例 18 样板间室内设计

题　　目 样板间室内设计（图 4—33）
作　　者 陈涛
表现方法 针管笔 + 马克笔 + 彩色铅笔
用　　纸 白卡纸
图纸尺寸 594mm×420mm
用　　时 8 小时

点评

设计　该空间被设计者分割为一室两厅，空间开敞通透，功能基本能够满足 80 后新婚夫妇的生活起居要求，平面功能分区较合理，室内风格简约时尚，电视背景墙与书柜结合的设计较实用。但是从样板间的设计角度来讲，设计稍显平淡。

表现　图面表达完整，制图严谨，尺规线条的绘制使图面规整利落，颜色搭配较和谐，透视效果图能够真实地表现空间。

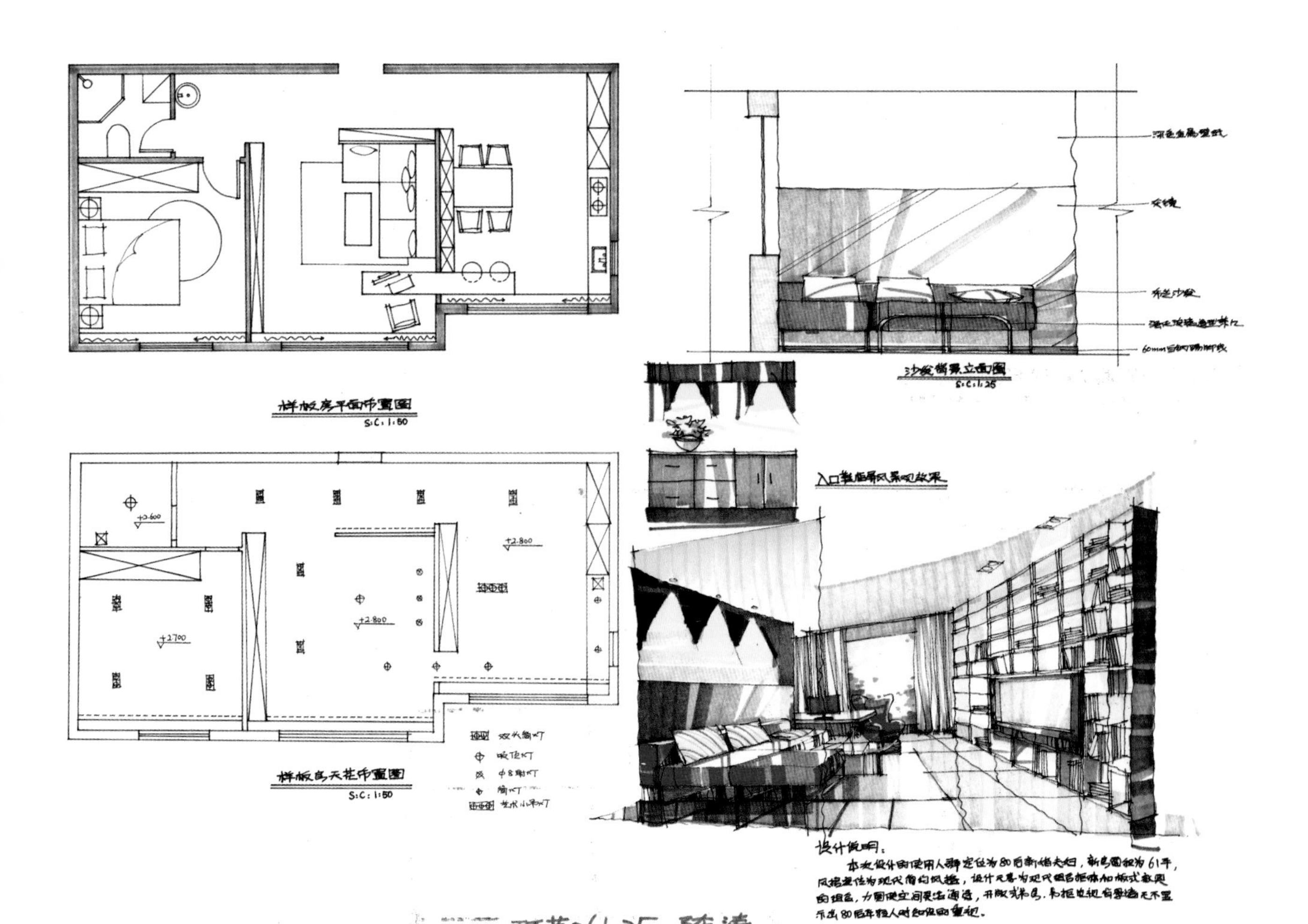

图 4—33

四、绘图用品店

设计任务书

一、设计要求

以六组正方形柱网组成的室内空间为对象，单元柱网尺寸为 7000mm×7000mm（柱子可根据空间的形式和功能需要进行自由排列组合），设计一处风格独特的绘图用品店。

要求设计新颖，功能安排合理，空间组织灵活，材料运用得当。

二、图纸要求

1. 平面图（比例 1 ：50）；
2. 天花图（比例 1 ：50）；
3. 立面图不少于两张（比例 1 ：50）；
4. 透视图 （不少于一张）彩色渲染，表现方法不限，图面尺寸不能小于 200mm×200mm；
5. 简要设计说明（50 ~ 100 字）；
6. 图纸规格及表达：两到三张 A3 图纸（420mm×297mm），可使用尺规，也可以徒手表现。

三、考试时间

8 小时

实例 19 绘图用品店设计

题　　目　绘图用品店设计（图 4—34 ~ 图 4—36）

作　　者　温慧昕

表现方法　针管笔 + 马克笔 + 彩色铅笔

用　　纸　绘图纸

图纸尺寸　420mm×297mm

用　　时　8 小时

点评

设计　该方案从绘图工具的造型中提取元素，在店内设计了尺度夸张的绘图工具模型，并运用现代感极强的玻璃和不锈钢等材料进行装饰，这在一定程度上满足了消费者求新、求异的心理需求。然而，顾客的购物流线不够明确，货架的位置还应仔细地推敲。另外，该自选商店的收银台位置设置不够合理，建议将收银台设置在营业厅的前厅位置。

表现　线条简练流畅，色彩活泼明快，效果图的材料质感表现较好，遗憾的是圆形地毯的透视未能把握准确。

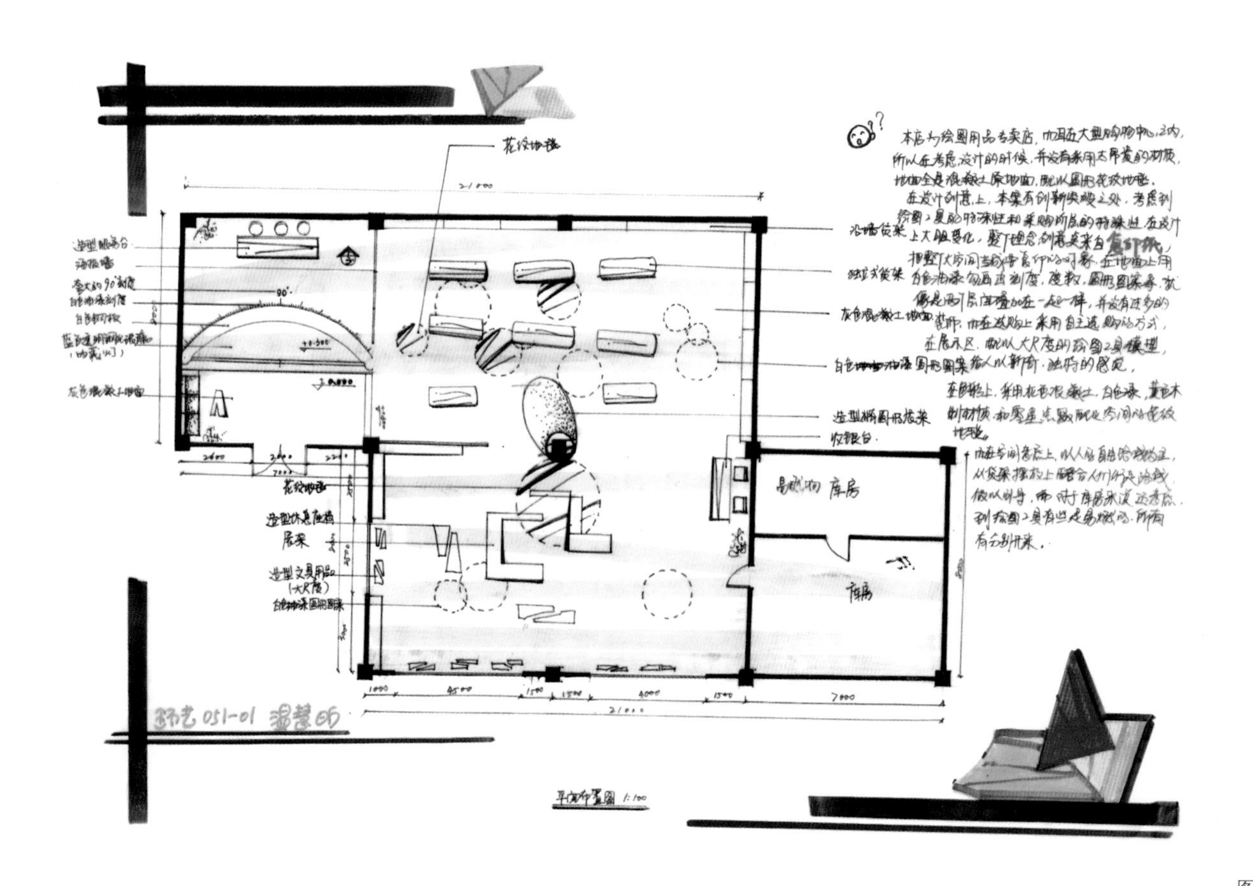

图 4—34

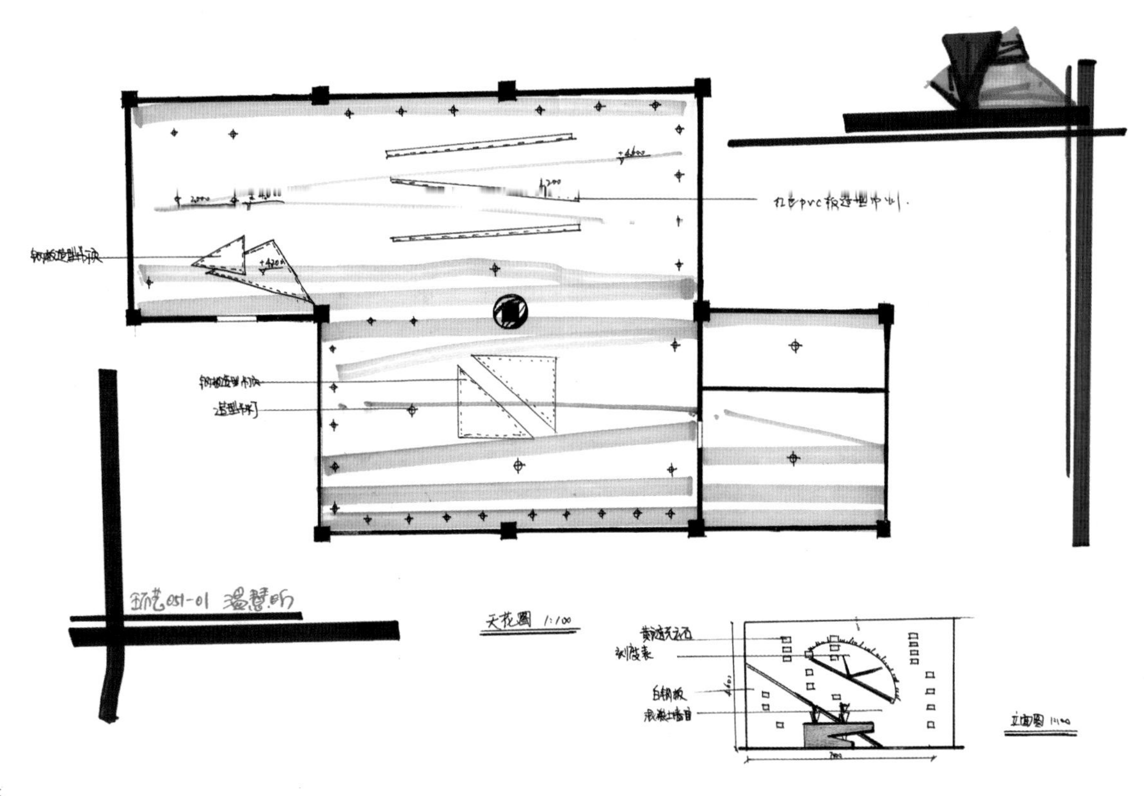

图 4—35

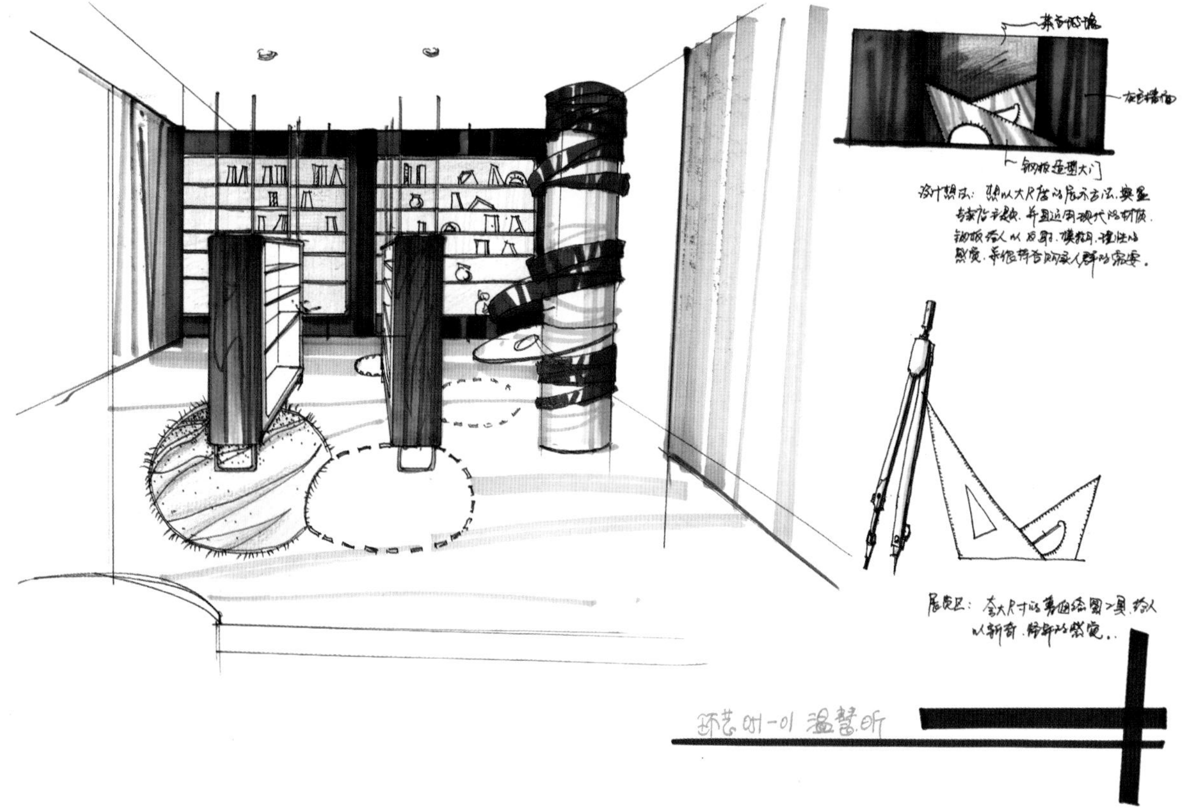

图 4—36

实例 20 绘图用品店设计

题　　目 绘图用品店设计（图 4—37 ~ 图 4—39）
作　　者 叶欣
表现方法 针管笔 + 马克笔 + 彩色铅笔
用　　纸 绘图纸
图纸尺寸 420mm × 297mm
用　　时 8 小时

点评

设计　该设计基本切题，卖场中间旋扇形的展柜造型新颖，构思独特。平面与天花的设计高度统一，购物流线组织合理。不规则货架的设计既丰富了室内的立面，又起到了很好的展销作用。

表现　版面设计形式独特，构图均衡，制图严谨，线条流畅，丰富的色彩渲染烘托了活泼、热情的购物环境。

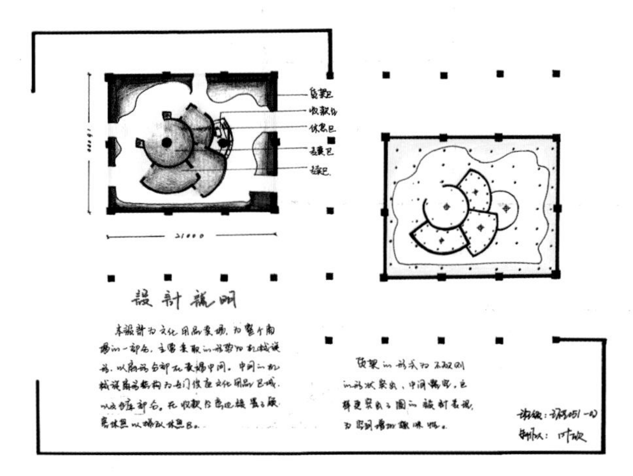

图 4—37

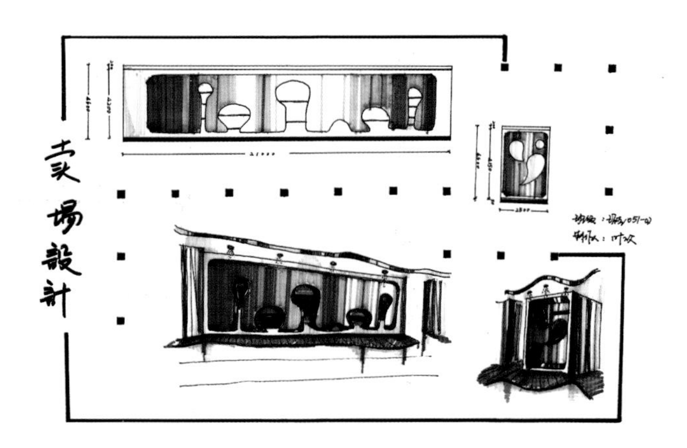

图 4—38

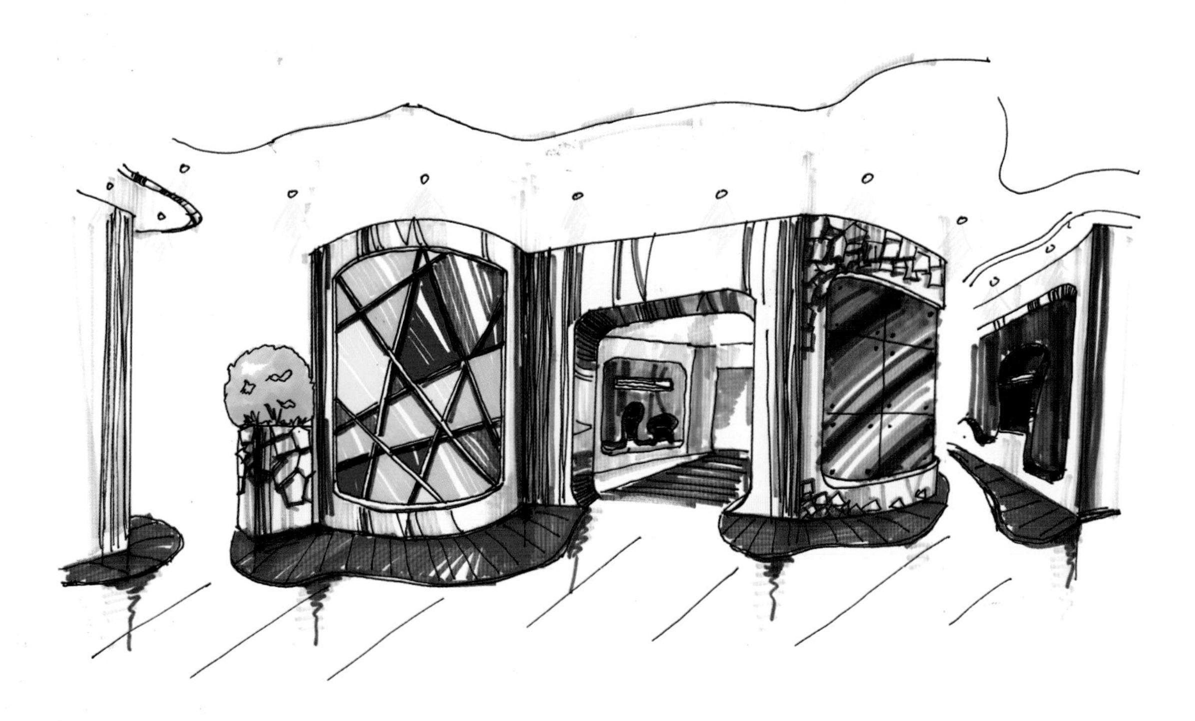

图 4—39

实例 21 绘图用品店设计

题　　目 绘图用品店设计（图 4—40 ~图 4—42）
作　　者 周晨
表现方法 针管笔 + 马克笔
用　　纸 绘图纸
图纸尺寸 420mm × 297mm
用　　时 8 小时

点评

设计　该设计的创意较新颖大胆，“三尚”的店铺名称来源于“流淌”一词中的“淌”字，墙面给人一种流淌的示意，天花与立面造型的灵感来源于细胞美学中的元素，作者把二者巧妙地融于一体。平面布局简洁合理，天花照明单纯中不乏变化，但是平面图的绘制稍有缺憾，图中未标明出入口的位置，也缺少必要的文字标注。

表现　图纸表现完整，透视准确，构图均衡，色彩明快，线条洗练。平面图、立面图、天花图与效果图的风格统一协调，体现了作者扎实的绘图基础。

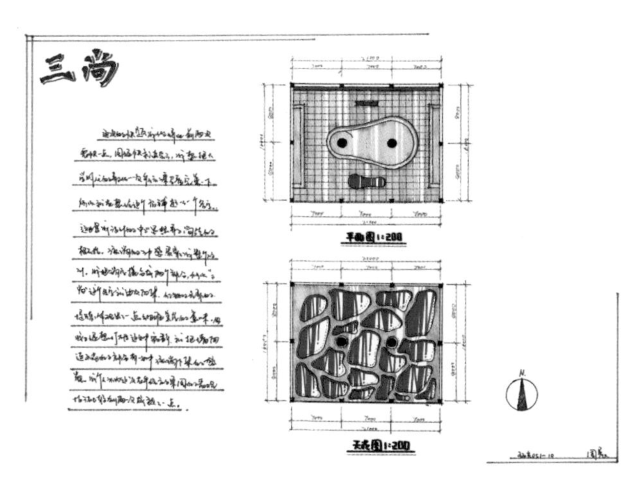

图 4—40

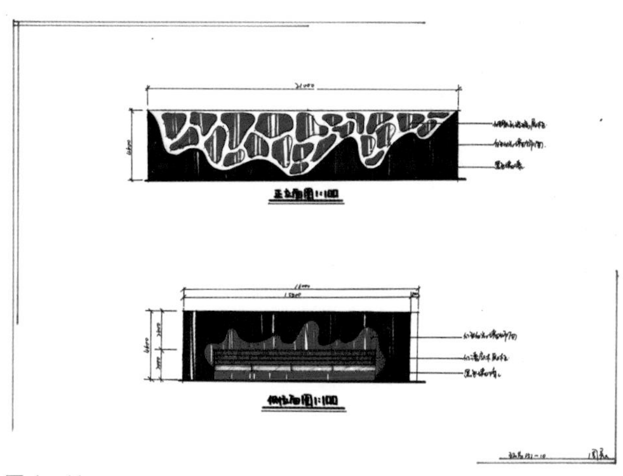

图 4—41

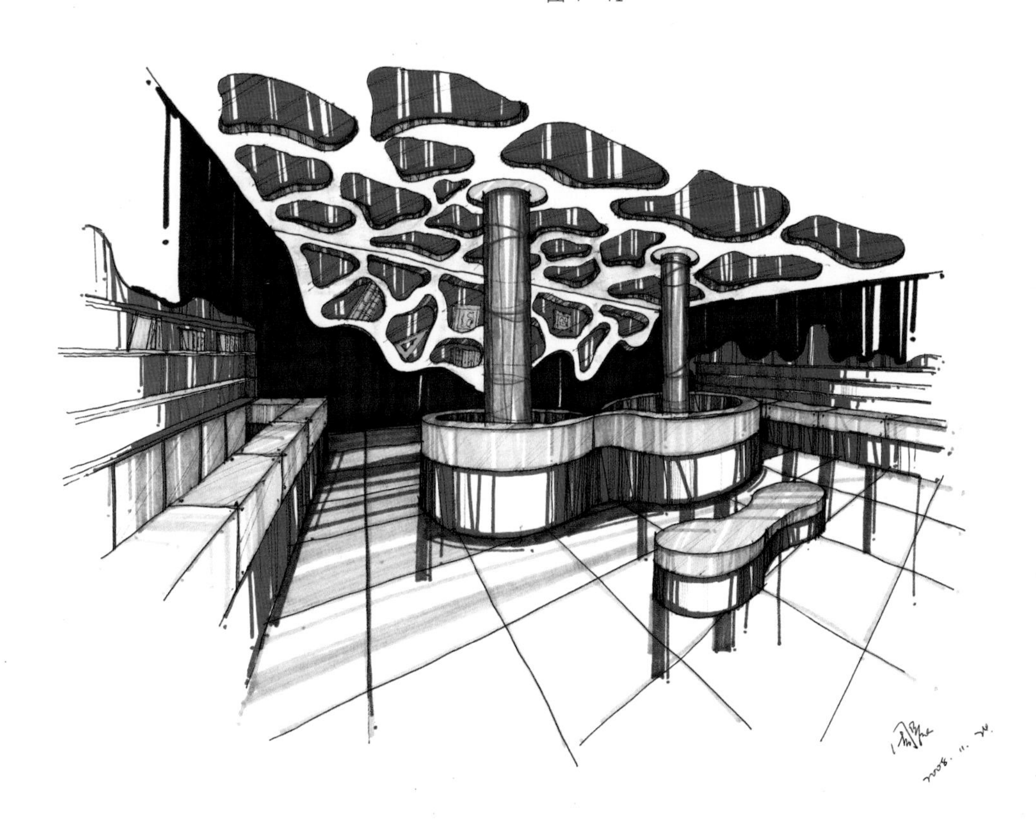

图 4—42

五、中式精品店

实例 22 中式精品店设计

题　　目 中式精品店设计（图 4—43、图 4—44）
作　　者 周晨
表现方法 针管笔 + 马克笔 + 彩色铅笔
用　　纸 硫酸纸 + 绘图纸
图纸尺寸 594mm × 420mm
用　　时 8 小时

点评

设计 该方案较切合题意，设计者从中国传统建筑中提取设计元素，做旧的墙面、“中国红”的大门，再配以少面积的明黄色，使设计的风格协调一致，韵味十足。但在平面布局中，对于门洞的考虑不够周全，个别门洞稍显多余。另外，天花的布置稍显简单。

表现 图面内容完整，透视效果图绘制严谨，笔触过渡自然，颜色搭配协调。标题字体醒目。建议在平面图中适当地补充文字标注内容，使设计意图得以完整的表达。

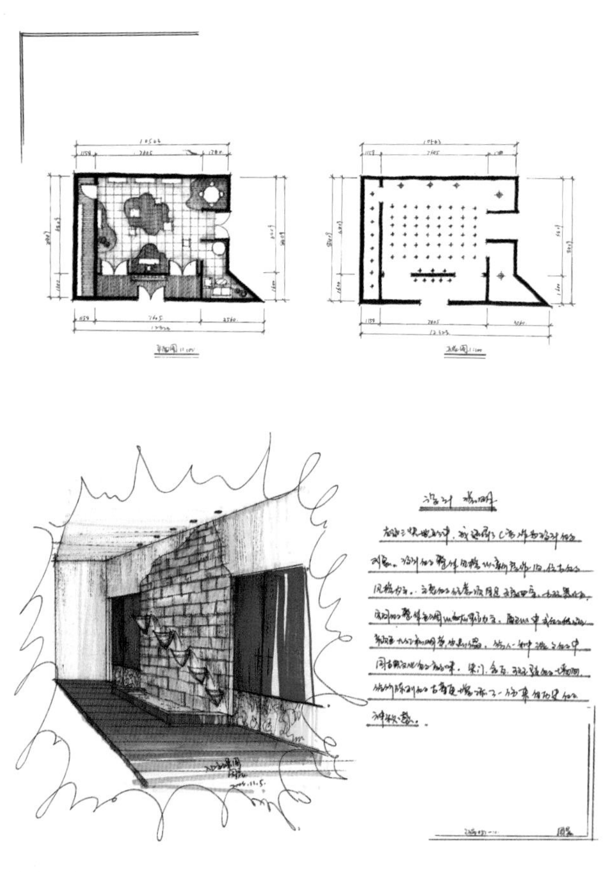

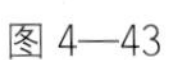

图 4—43

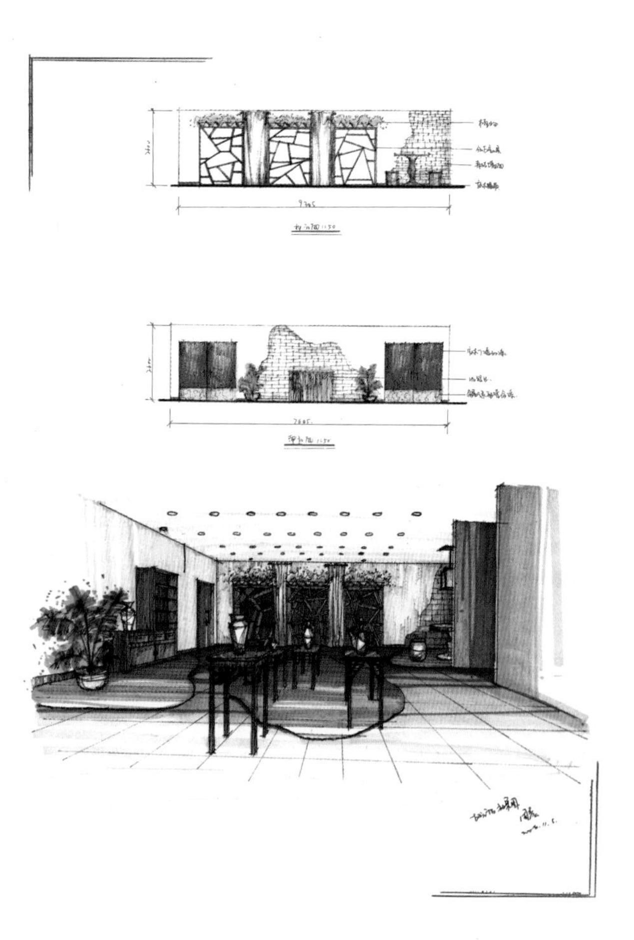

图 4—44

实例 23 中式精品店设计

题　　目　文房四宝精品店（图 4—45、图 4—46）

作　　者　温慧昕

表现方法　针管笔 | 马克笔 | 彩色铅笔

用　　纸　马克纸

图纸尺寸　420mm×297mm

用　　时　8 小时

点评

设计　该方案平面布局简洁，空间利用较合理。风格为现代中式，设计过程中借鉴了佛手、红色大鼓、博古架、铜钉等诸多中国传统元素。抽象处理后的形态更加紧扣主题，古典韵味浓厚，较好地体现了该室内的空间特征。

表现　版面风格整体统一，构图均衡饱满，颜色鲜亮大胆，视觉冲击力较强。平面图、立面图、天花图的表现基本准确，效果图表现技法较娴熟，主透视图配以局部效果图，使设计内容得以完整的表达。

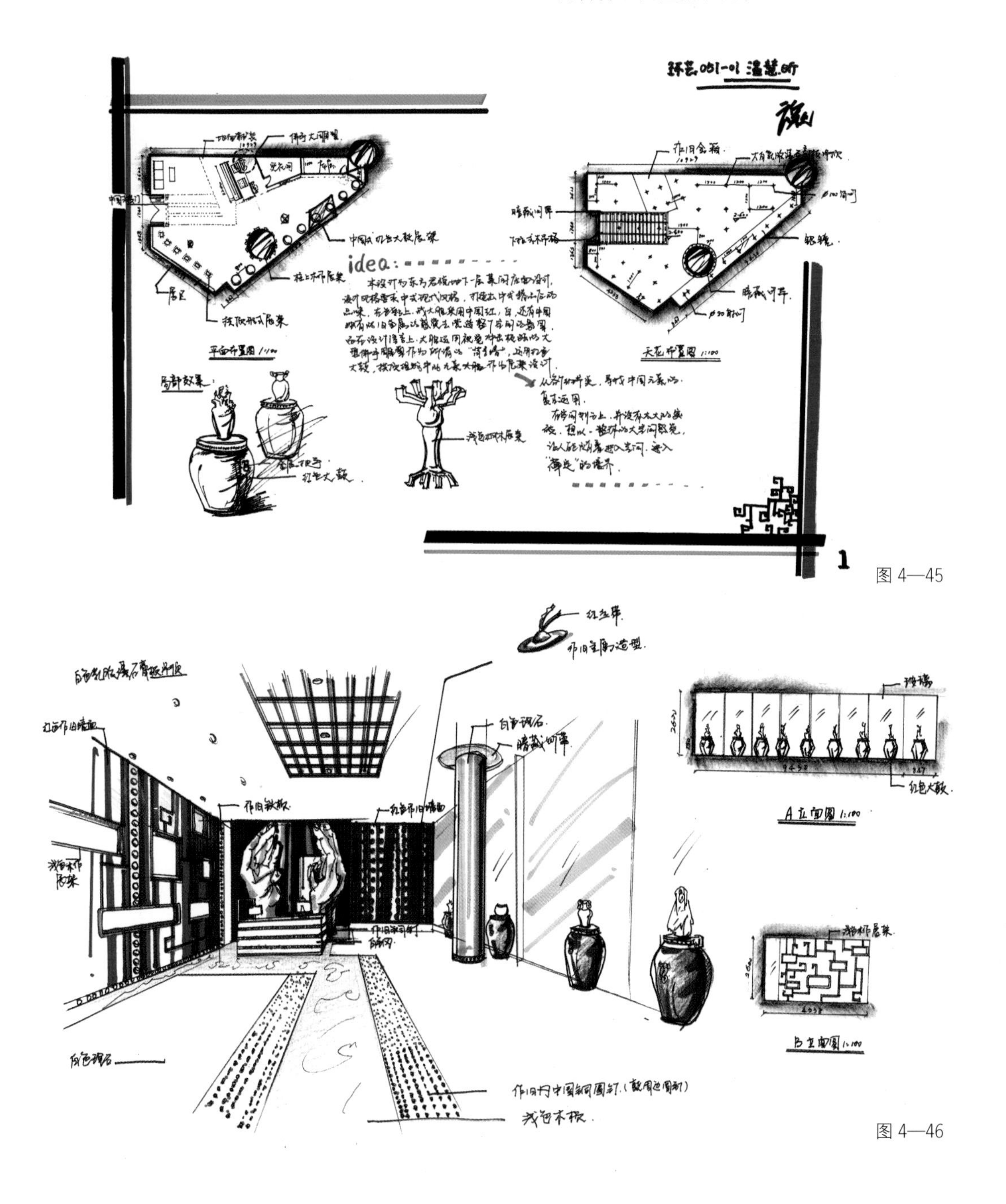

图 4—45

图 4—46

六、茶艺馆设计

设计任务书

一、设计主题

茶艺馆设计。

二、设计要求

1. 项目位于商业中心区大型购物中心内；
2. 在所给柱网中，任选其中六个网格（柱距 6m×6m），在其限定的空间范围内设计一处现代中式风格的茶艺馆；
3. 围合及封闭方式自定；
4. 梁底距地面 3.5m，楼板距地面 4m，柱子尺寸为 400mm×400mm；
5. 空间组成内容参考：入口景观、器乐演艺、品茶区、卫生间等。

三、图纸要求

1. 设计说明（150 字左右）；
2. 平面图（比例 1 ：100）；
3. 天花平面图（比例 1 ：100）；
4. 主要立面图一个（比例自定）；
5. 透视效果图（主要空间效果图一张、局部效果图至少一张），表现手法不限；
6. 图纸规格：一张 A2（594mm x 420mm）。

实例 24　茶艺馆设计

题　　目　茶艺馆设计（图 4—47）
作　　者　张崇杰
表现方法　针管笔 + 彩色铅笔
用　　纸　绘图纸
图纸尺寸　594mm×420mm
用　　时　4 小时

点评

设计　平面布局合理，功能分区明确。室内以一倾斜的走廊联系各个空间，动感大气，打破了矩形空间的呆滞感，既合理地分割空间，又起到良好的视线引导作用。客席的平面布局富于变化、形式丰富，能够满足不同消费人群的需要。

表现　图面内容完整且丰富，线条肯定，简洁明快。效果图虽略施渲染但足以表明设计意图。在施工图的绘制上，平面与天花的图底关系处理得不够到位，图面略显凌乱，线形等级不明，视觉上有些混淆。

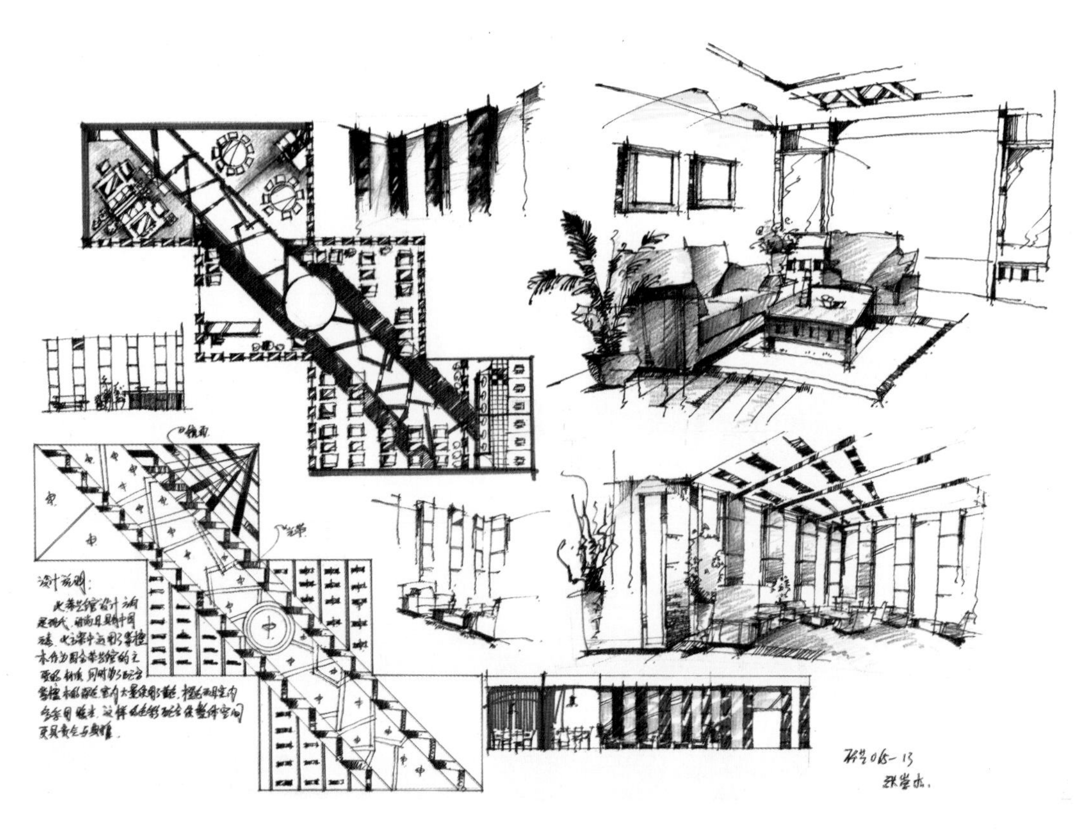

图 4—47

实例25 茶艺馆设计

题　　目　茶艺馆设计（图4—48）
作　　者　才潜
表现方法　针管笔＋彩色铅笔
用　　纸　绘图纸
图纸尺寸　594mm×420mm
用　　时　4小时

点评

设计　该方案较切合题意，从中国传统建筑中提取了大量的设计元素，如红棕色的窗格、羊皮纸灯、明清家具等。吊顶的形式处理手法现代，简洁大气。客席的平面布局整体感强，但是形式过于单调和乏味。另外，卫生间中卫生器具的数量设置过多。建议在这两方面加以深化。

表现　画面干净整洁，制图较为严谨，用线等级分明，层次清楚。效果图用色协调，笔法熟练。

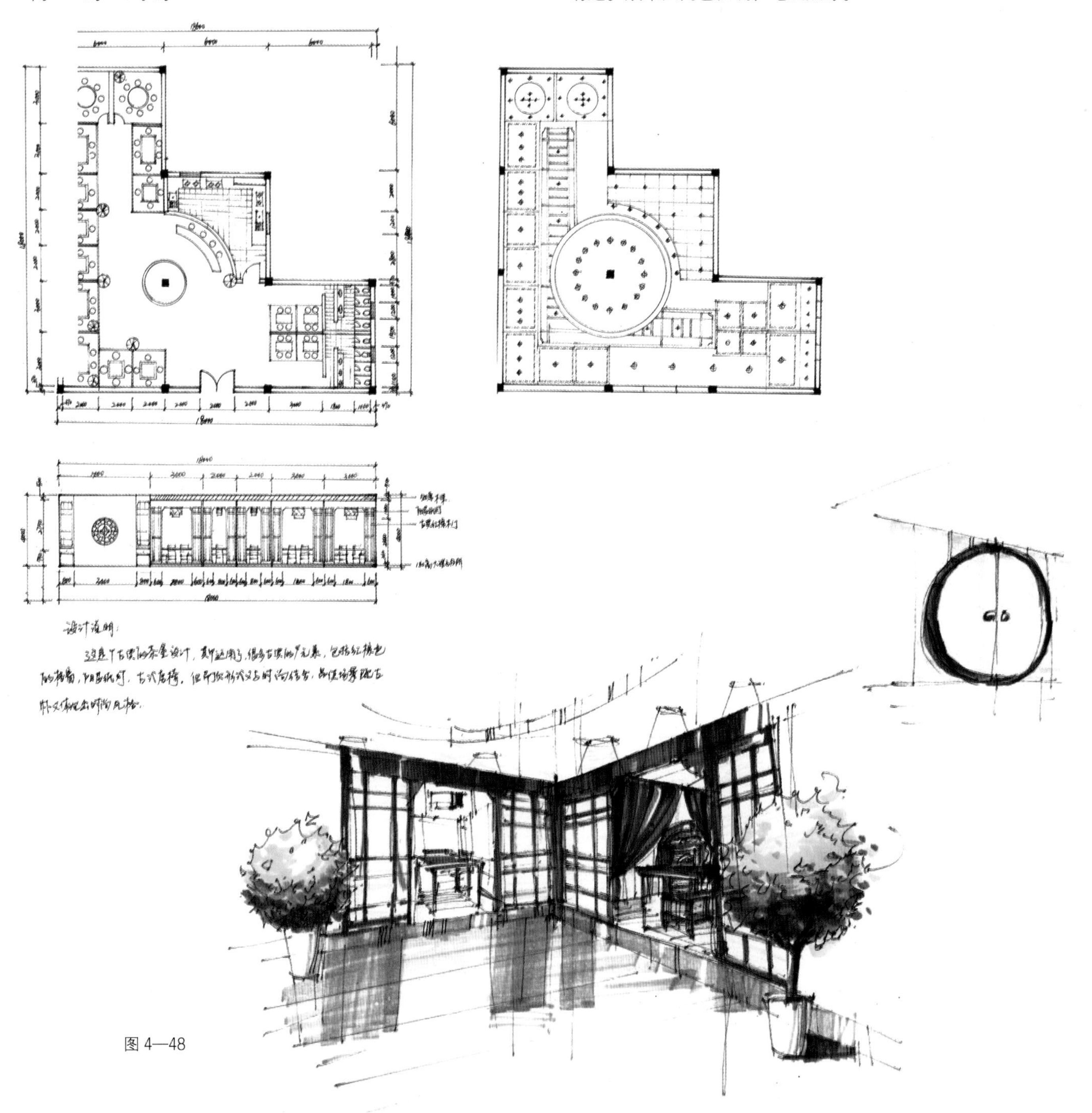

图4—48

第五章

第一节　应试心态

第二节　版面计划

第三节　时间把握

课程内容
快速设计应试技巧

计划学时
4 课时

教学方式
理论结合实践，指导学生掌握快速设计的应试策略；收集分析版面设计的作品，通过点评的方式使学生掌握快题版式设计的要点。

实践目的
1. 使学生以从容的心态面对设计。
2. 通过训练使学生掌握版式设计的原理与方法。
3. 对快速设计的实践进行合理的分配。

教学要求
1. 要求学生具有良好的设计基础和美学修养。
2. 要求学生结合具体的设计内容思考和实践。

实践指导
1. 本章内容与《版式设计》课程有链接。
2. 在本章中，工作室资源、图书馆资源、学生作品案例等将被很好地应用。

拓展阅读
《版式设计》
《POP 字体设计》

学习目的

掌握快速设计的应试技巧

在进行快速设计时，如何科学地把握时间

版面进行合理的组织

重点掌握

版式设计的原理和方法

进行版式设计的训练

由于建筑设计、景观设计、室内设计等专业的研究生入学考试、注册设计师考试、设计单位的招聘等重要测试中，都纷纷采用快速设计这一形式考查和衡量应试者的设计与表达能力，因此掌握快速设计的应试技巧是十分必要的。本章内容从应试心态、版面计划、时间把握等方面介绍了快速设计的应试技巧和策略，调整模式化的设计思维，了解快题考试的注意事项，根据设计任务书的设计要求分清主次矛盾，在有限的时间内完成设计表达，这些内容看似与设计无关，却是十分重要的。

第一节
应试心态

考生在应试前应以乐观自信的心态，有条不紊地进行设计。

由于快速设计能在很短的时间内全面准确地表达出设计者的综合素质，这些年来，建筑设计、景观设计、室内设计等专业的研究生入学考试、注册设计师考试、设计单位的招聘等重要测试中，都纷纷采用快速设计这一形式考查和衡量应试者的设计与表达能力，因此我们有必要阐述一下快速设计的应试技巧。
快速设计在工作方法上区别于平时的课程设计与实际的工程设计，要求在 4 小时、6 小时或 8 小时内完成快速设计，最终成果表达包括平面图、立面图、剖面图、透视效果图以及一些必要的分析图等。我们除了在平时的学习与积累中要加强设计能力的培养，还要在应试的过程中掌握一定的技巧和策略，调整模式化的设计思维，绘图之前读懂设计任务书的要求，分清设计的主要矛盾和次要矛盾，在有限的时间内，尽可能有效而清楚地表达设计内容。

应试心态

考试前，考生首先应该对自己的设计能力有个清楚的、客观的判断，并且明确自己的目标。明确目标不仅关系到应试者能否以一个平常的心态应试并顺利通过，更会影响到应试者今后的设计生涯。与其他任何的考试一样，首先要做的就是心理调整，一方面要通过一定的训练使自己具备信心和一定的经验，遇到平时没练习过的设计内容也要做到从容应对，保持乐观自信的心态，有条不紊地进行设计。

考生也应当了解所报考学校的相关信息，对学校的硕士点有一定程度的了解。比如，该学校有哪些研究生导师，各导师的研究方向有哪些，哪位导师的研究方向是你自己感兴趣的。通过对这些情况的了解，选择适合自己的专业方向以及所感兴趣的导师，有可能的情况下，通过老师介绍或者毛遂自荐，亲自拜访导师，向导师请教关于该专业该方向的一些报考及相关的应试注意事项，做到知己知彼，百战不殆。

除了相关的心理准备之外，建议考生应试前还应做好如下准备：

1. 收集设计资料，如国内外设计大师的作品，并借鉴其中的设计原则与方法，对新生的设计事物有所了解；

2. 收集设计表现资料，了解各种表现介质的优缺点，对优秀的作品多多临摹参考，把握快速绘制透视图的技法、各种空间构成单体（植物、人物、家具、汽车等）的快速表现技法等；

3. 多做各种空间类型的快速设计模拟训练，积累快速设计的经验；

4. 研究快速设计范例的点评与分析，学习其表现模式以及设计深度，扬长避短，从中取得考试经验；

5. 检查作图工具（包括铅笔、针管笔、马克笔等表现工具，草纸、橡皮、小刀、各种尺规和模板等）是否准备齐全。

店面设计 作者 文增著

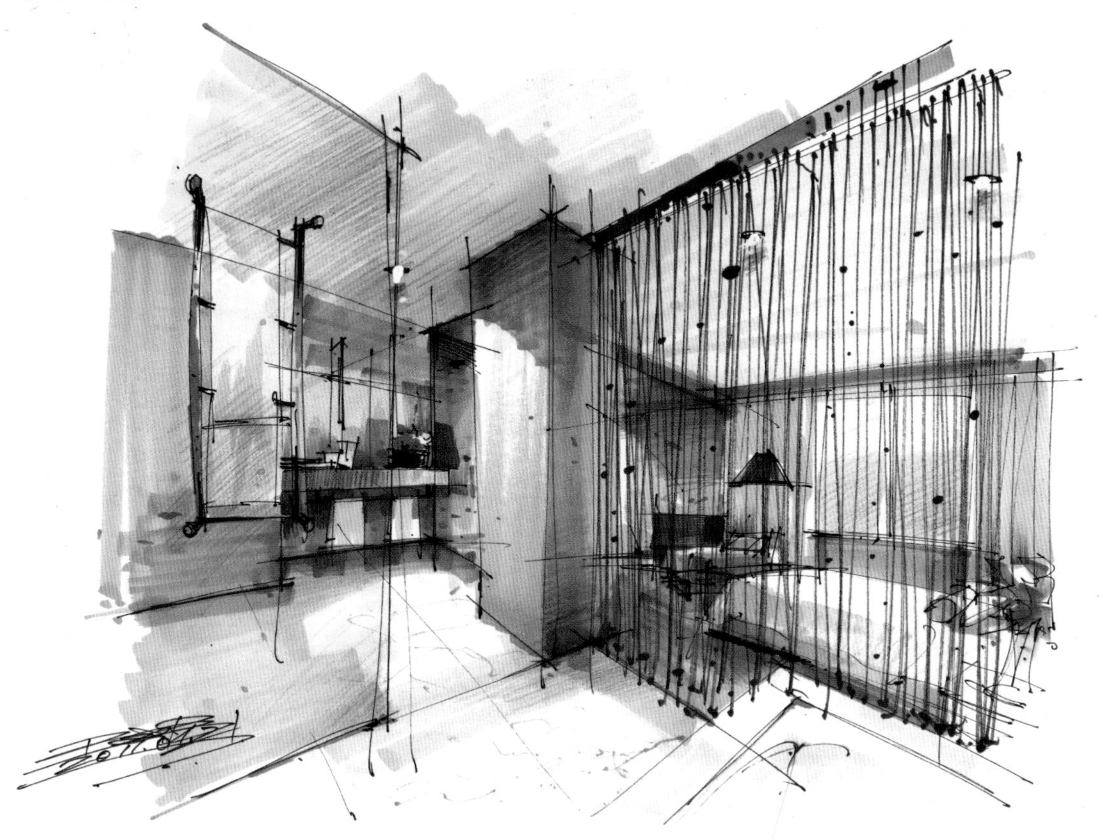

快速设计 作者 王义男

第二节 版面计划

一、构图规整、饱满、均衡
二、填补空白
三、文字书写

版式设计是在有限的版面空间里将版面构成要素，如文字字体、图片图形、线条线框和颜色色块等诸因素，根据特定内容的需要进行组合排列，并运用造型要素及形式原理，把构思与计划有组织有目的地以视觉形式展示出来。提高读者阅读兴趣和效率，更好地帮助读者在阅读过程中轻松了解内容，正确地理解内容，更好地表达出设计的主题。

通常情况下，设计能力强、基础扎实的设计者，不但设计成果上乘，而且版面设计也令人愉悦。排版构图的耗时不多，但是却事关全局，因为版面设计体现了设计者的个人修养和思维的条理性。另一方面版面设计的优劣直接影响到业主或评委的第一印象，因此，版面计划尤为重要。许多设计者往往忽略了这一环节，在纸面上不假思索地绘制图形，等到版面大部分绘制上图形时才觉察到问题，因此，设计者一定要提高对版式设计的重视。

一套完整的快速设计图通常包括设计题目、设计说明、概念图解（草图、人流分析图、功能分析图等），平面图、立面图、剖面图、天花图、效果图等。这些元素要经过精心的排列组合，以最好的展示效果把设计传达给观者。

排版之前可以把各图形按设计任务书中要求的比例，在草纸上大概画出图形轮廓，并裁下来组合在图面上，尝试各种组合效果，选择最佳的构图定稿。

以下为快速设计版面规划的三个要点。

一、构图规整、饱满、均衡

1. 四边留白。沿图纸四周向内留出相同宽度的边缘，所有图形的外围与这条边线对齐，留空的宽度按照图形的疏密程度来定，图形密集的留边可以稍窄，反之则稍宽。留白的边缘常控制在 3~5 厘米。

2. 图形对位。两个以上的图形上下或左右间的位置基本接近时宜相互对齐，以体现规整的感觉。如平面图与天花图水平或垂直对齐；各立面、剖面的地平线对齐；各立面、剖面接近图纸边缘的一侧纵向对齐；各图形的文字或横向或纵向对齐；对于不规则平面、立面的排版时，既要做到各图相对集中，相互穿插，又要避免杂乱。

3. 实角、虚边、虚中。排版的时候，图形首先占据四角，继而沿边线布置，尽量避免位于图纸正中，在基本均匀的前提下，周边密度略大于中央时，易形成方正、规整的观感。相反，图纸中央紧密则容易争抢视线形成焦点，分散乃至削弱规整周边的表现力度，使整体构图失去平衡和稳定感。

4. 下重上轻。版面的设计应当遵循我们正常的视觉习惯，线条比较密集，色彩重量感较强，表现较丰富的图面布置于图纸的下方；立面线条较少、天际线轮廓有起伏的图面，需要上方留出足够的空间给画面留有余地，这样的图面适于布置在图纸的上方。

二、填补空白

由于各图大小与分量不一，排版时总会有空白处，如果不加整理，整个画面很容易产生凌乱感，因此要适当增加些与设计有关的内容或符号，以使画面饱满、均衡。

比如，在做快速建筑设计时，如立面图与剖面图的长短不一致，为了使构图看起来整齐匀称，可以在施工图上增加植物、人物、天空等配景，使其在版面长度上一致，从而改善了版面的效果。

还可以通过标题文字的设计与布局，或者增加一些与设计有关的装饰符号、设计元素等，弥补版面的缺陷，这样既充实了版面，又较好地补充了设计。

在版式设计中，最关键的是要保证文本形式与设计项目的主题及内容相协调，还要使文本有一定的秩序性。设计者可以通过比例、侧重、对比、衬托等手法，达到多样中求统一、变化中求和谐的艺术效果。

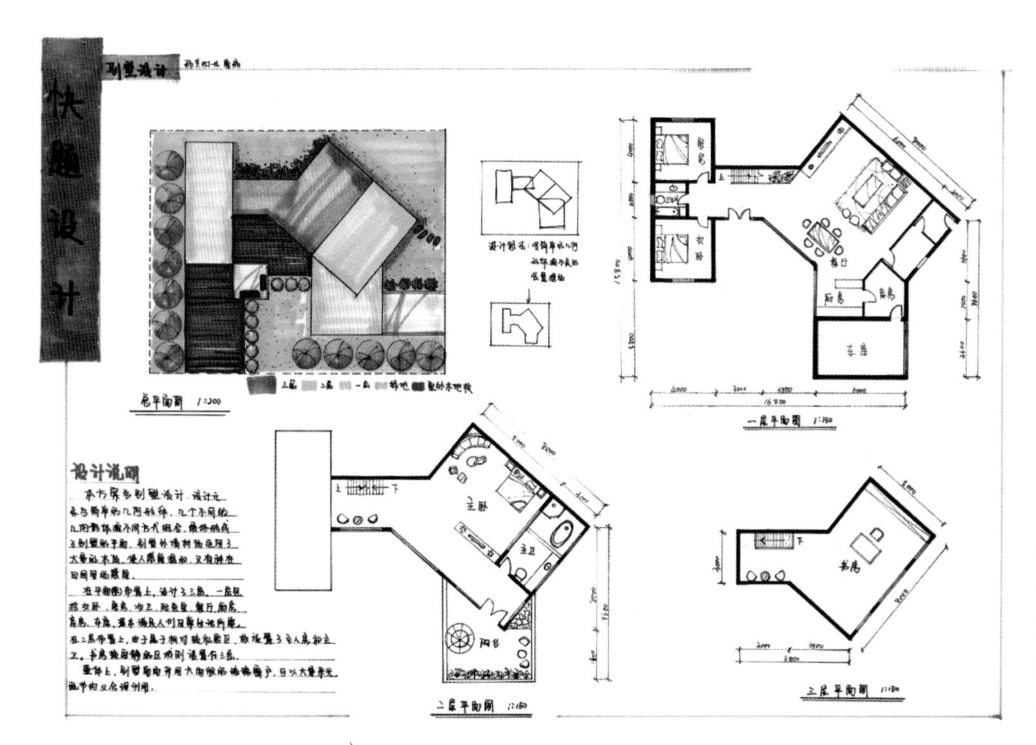

标题较醒目，版面左重右轻失稳，左上冒顶，右下空虚，色彩分布不均衡，浓重的图形与文字都在左侧，未考虑布局的均衡问题。

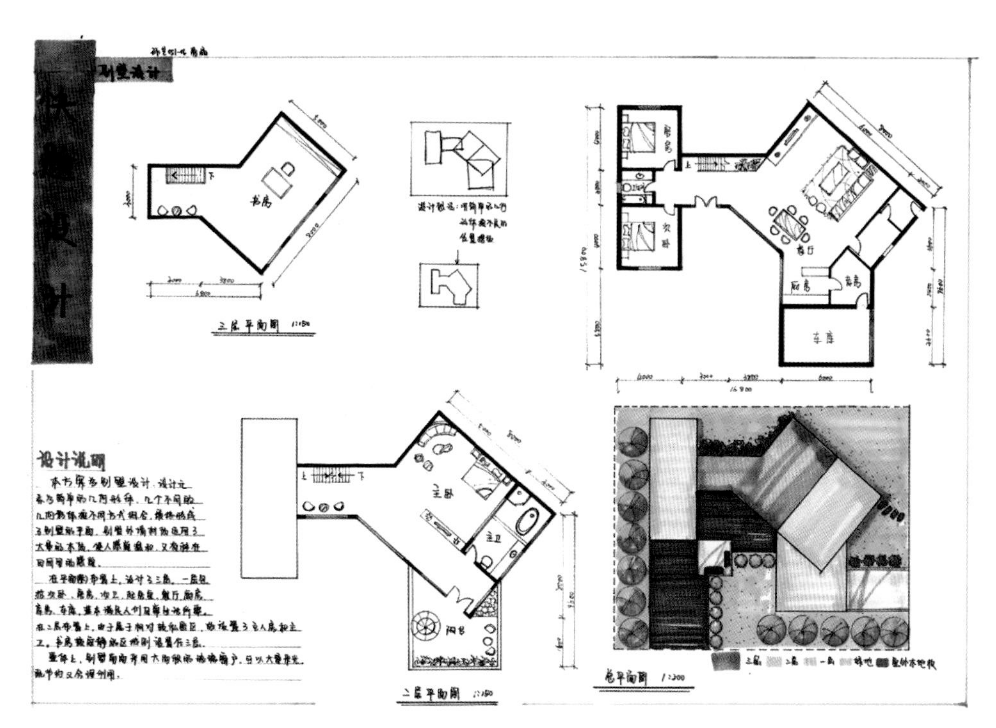

修改后的版面。将总平面图与三层平面图位置置换，布局活泼，强弱匀称，总平面图轮廓方正，置于右下充实角部，形成方正、规整的观感。在时间允许的情况下，各平面图也可以略施色彩，与总平面图形成呼应。

三、文字书写

在版面设计与规划中，文字的书写也至关重要。虽然与设计本身看似关系不大，也不会影响评委对快速设计分数的评判，但是文字书写的好坏直接影响到评委对设计者艺术修养的认可。文字写得不能太乱太随意，最好学习一下规矩的艺术字体，也可以练习一下用马克笔书写 POP 字体，无论采用何种字体，字体的颜色与样式应当与设计的主题相呼应，这样既可以直接通过题目暗示设计的内容，同样对设计内容也起到一个补充的作用。标题字不能太大也不能太小，字过大会影响其他设计内容的表现，过小又不够醒目。标题字的大小一般可以控制在 4cm×4cm 左右，字的间距 1cm 就可以了。

设计说明一般最后书写，写在版面中空白的部位。可以根据版面中空白的多少来决定字数的多少与字形的大小，一般把字数控制在 100 ~ 150 字就可以了。书写的时候可以用铅笔先打好线格，对齐线格书写字体，这样可以使字体显得清楚、整齐。当设计说明的内容较多时，为了突出设计的创意，可在需要突出重点的文字（关键词）下增加与底色差别较大的色块，便于阅读者在短时间内理解设计作品的内容。另外，设计说明不要不分段落，写一大堆的文字，要根据设计的创意构思、功能分区、材料做法、照明设计等内容分段书写，以做到条理清晰，便于理解。

总之，排版要做到疏密有致、画面均衡、图文并茂。对版面进行分割的时候需要考虑版面中各种元素之间的关系，同时根据内容划分空间的主次关系、呼应关系和形式关系，保证良好的视觉秩序。

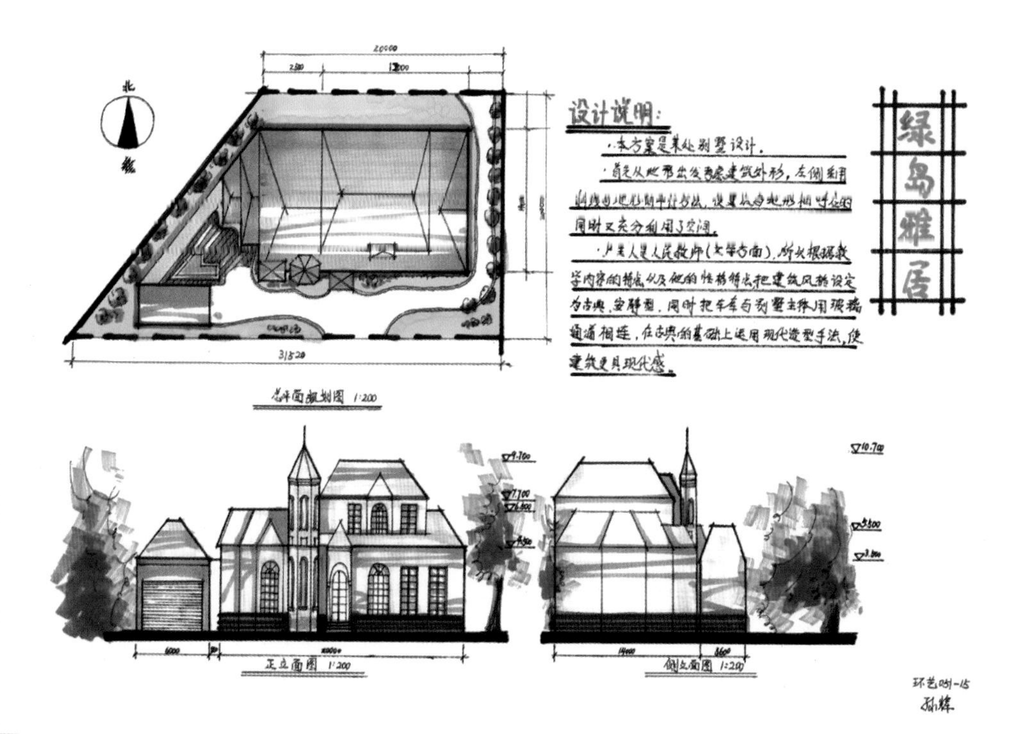

该设计标题字未按边线排布，版面布局不规整，立面图的天际线轮廓较丰富，位于版面的下方，略显压抑。

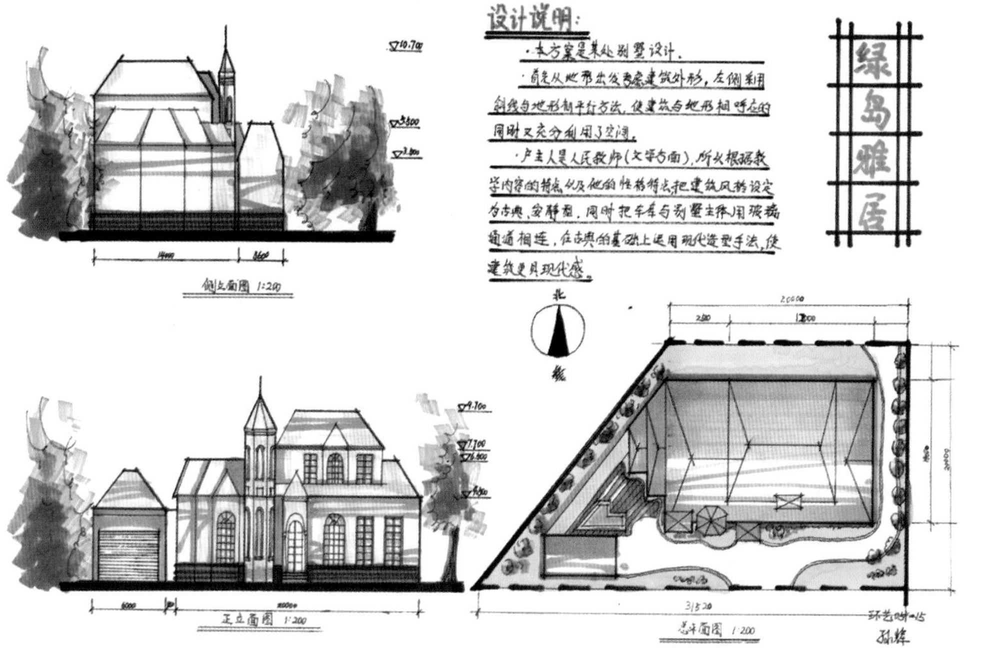

修改后的版面。将总平面图与侧立面图位置置换，两个立面图外轮廓（墙端）上下对位，侧立面图置于左上使天际线留有余地，总平面图线条较密集，轮廓整齐，位于右下，右侧边缘与标题字对齐，底边与立面图对齐，图面下重上轻、边角对位。

第三节
时间把握

应试者应在平时习作中了解最适合自己的设计方法和时间安排，等到考试时采用熟悉的方式 完成设计任务。

快速设计与平时的课程设计和工程设计不一样，快速设计的时间较短，为 4 小时、6 小时或 8 小时，时间限制很严格。要在短短的几个小时内设计和表现出一个设计方案，对于设计全局的把握就显得尤为重要。

时间的把握因人而异，绘图速度较快者可以多花时间考虑设计，绘图动作慢者则需要留有足够的绘制时间。对于时间的掌控，考生可以在平时习作中演练几次，大致对自己各阶段所用的时间有个粗略的计算，做到心中有数。

一般而言，8 小时快速设计的时间安排如下：10 ~ 15 分钟理解题意，吃透设计任务书，分清设计的主要矛盾和次要矛盾。3 ~ 4 小时进行设计，其中包括方案的主题立意、对环境的考虑、功能分区的安排、细部设计。在这一阶段可准备草纸，用铅笔作一些草图分析和方案比较，但是也不可在此阶段耗费太多精力，过于追求完美只能浪费大量的时间，所以对于方案的设计应适可而止，不必要面面俱到。图面表现要留够 3 ~ 3.5 个小时。其中，在效果图和平面图的绘制上要花费大量精力，因为在评分的过程中，效果图和平面图相对于其他图纸所占的比重是很大的。最后，留一点时间写设计说明和必要的文字与尺寸标注。

当然以上的时间安排和过程步骤仅供参考，具体考试要求的任务不一样，每个人的设计习惯也不一样。应试者在平时就应了解最适合自己的设计方法和时间安排，等到考试时采用熟悉的方式完成设计任务，就一定能把自己的真实水平展示出来。

在考试中，特别值得注意的一点是：一定要保证任务书所要求图纸类型的齐全。也就是说，如果把大量的时间放在方案设计上，以至于没有时间将其表现出来，这将会置你于非常不利的境地，反之亦然。所以，优秀的快速设计也许不是最具创意的，也许不是最具深度的，却往往是相对最完整的。取得动态中的均衡在快速设计中也是非常值得注意的。

后记

《ABC 快速设计》突出对设计者快速设计实战能力的启发和培养，是建筑设计、景观设计、室内设计专业的设计者与高校教师和学生快速设计的参考书目。

本书作为系统的知识结构包括了作者所在单位许多同事集体的经验和智慧，尤其是书中所选用的学生作品，均选自各位老师多年教学的海量积累，在此我向大连工业大学艺术设计学院环境艺术设计系的全体同事们致以衷心的感谢！愿大家在今后的教学实践中尽更大的努力来促进专业建设人才的成长和发展。

书中的资料收集、图片整理、文字校对等工作得到了王义男、乔健、冯凯、刘成、李磊等大力的协助，谨向他们的辛勤工作和努力致以衷心的感谢！此外，由于部分内容的需要，编者从相关书籍中选用了一些图片，并注明了出处，在此也向这些图片资料的作者致以衷心的感谢！

由于编写时间仓促，作者水平有限，难免存在疏漏和不足，还望各位读者不吝赐教。另外，由于快速设计受到设计者能力与规定时间的限制，每个作品都存在若干不足和问题。在此编者对学生作品进行了一一点评，但点评和表述仅为编者的个人观点，不具有唯一性，若有不妥之处，望广大读者不吝赐教。

乔会杰

2011 年 7 月

参考文献

1.《透视学》殷光宇 中国美术学院出版社 1999.1

2.《建筑设计原理》李延龄 中国建筑工业出版社 2011.2

3.《风景园林设计》尹文 顾小玲 上海人民美术出版社 2007.3

4.《快速建筑设计方法入门》 黎志涛 中国建筑工业出版社 1999.11

5.《快题设计表现》 薛加勇 同济大学出版社 2008.3